Eberhard Dennert

Die Pflanze - ihr Bau und ihr Leben

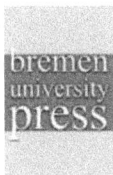

bremen
university
press

Eberhard Dennert

Die Pflanze - ihr Bau und ihr Leben

ISBN/EAN: 9783955621339

Auflage: 1

Erscheinungsjahr: 2013

Erscheinungsort: Bremen, Deutschland

@ Bremen-university-press in Access Verlag GmbH, Fahrenheitstr. 1, 28359 Bremen. Alle Rechte beim Verlag und bei den jeweiligen Lizenzgebern.

bremen
university
press

Sammlung Göschen

Die Pflanze

ihr Bau und ihr Leben

von

Dr. E. Dennert

Mit 96 vom Verfasser gezeichneten Originalabbildungen

Zweite verbesserte und vermehrte Auflage

———— ·•·•· ————

Leipzig

G. J. Göschen'sche Verlagshandlung

1897

Litteratur.

A. de Bary, Vergleichende Anatomie der Vegetationsorgane der Phanerogamen und Farne. Leipzig. W. Engelmann. 1877.

E. Strasburger, Das botanische Praktikum. Anleitung zum Selbststudium d. mikrosk. Botanik. Jena. G. Fischer.

K. Goebel, Vergleichende Entwickelungsgeschichte der Pflanzenorgane. Breslau. E. Trewendt. 1883.

F. Pax, Allg. Morphologie der Pflanzen. Stuttgart. F. Enke. 1890.

E. Dennert, Vergleichende Pflanzenmorphologie. Leipzig. J. J. Weber. 1894.

J. Sachs, Vorlesungen über Pflanzenphysiologie. Leipzig. W. Engelmann. 1887.

A. Kerner, Pflanzenleben. Leipzig. Bibliogr. Institut. 2 Bde. 1888 und 1891. 2. Aufl. im Erscheinen begriffen.

A. B. Frank, Lehrbuch der Botanik. Leipzig. W. Engelmann. 2 Bde. 1892 und 1893.

E. Strasburger, F. Noll, H. Schenk und A. F. W. Schimper, Lehrbuch der Botanik für Hochschulen. 2. Aufl. Jena. G. Fischer 1895.

Inhalt.

———

Einleitung.

Die Pflanze ist im Gegensatz zum Mineral ein Lebewesen; die Pflanzenkunde wird daher in der Schilderung des Pflanzenlebens gipfeln. Da wir jedoch das Leben der Pflanze erst dann erforschen können, wenn wir ihre Gestaltung kennen gelernt haben, so wird unser Weg ein derartiger sein, daß wir zuerst **das Innere der Pflanze** zu verstehen suchen, weil es die Grundlage für das Verständnis alles andern in sich birgt. Wir müssen zu dem Zwecke die Pflanze zergliedern, d. h. **Anatomie** treiben. Darnach wollen wir die **äußere Gestaltung der Pflanze** erforschen, ein Gebiet, das man **Morphologie** nennt. Endlich werden wir die verschiedenen Lebenserscheinungen der Pflanze, wie Ernährung und Atmung, Wachstum und Fortpflanzung, in der sogenannten **Physiologie** (und **Biologie**) behandeln. Da aber von der äußeren Gestalt und deren Teilen zuweilen nicht wohl gesprochen werden kann, ohne daß der Beziehung dieser Teile (z. B. der Samenlappen) zu den Lebensvorgängen der Pflanze (z. B. der Ernährung) gedacht wird, so werden wir schon bei der Lehre von der Gestalt manchmal Dinge erörtern müssen, die zur Lehre vom Leben der Pflanze gehören. Hat doch jeder Pflanzenteil bis herab zu so unscheinbaren Gebilden, wie Stachel, Borste und Härchen, seine bestimmte Bedeutung für das Leben der Pflanze. Die Physiologie wird also übergreifen müssen in die Morphologie.

I. Vom inneren Bau der Pflanzen.

1. Die Zelle, das Elementarorgan.

Das Leben besteht in der Wechselwirkung eines Wesens mit der Außenwelt. Zur Bethätigung derselben bedarf dieses Wesen aber verschiedener Werkzeuge. Man nennt solche Werkzeuge zum Leben Organe, und Wesen, die solche besitzen, Organismen.

Jedes Organ hat sein bestimmtes Arbeitsgebiet. Allein um diese Arbeit zu erfüllen, muß es selbst eine Teilung innerhalb desselben eintreten lassen. Es muß Organe zweiter Ordnung besitzen, und man kann sich vorstellen, daß diese Teilung und Verfeinerung der Arbeit immer weiter fortschreiten wird und daß hiermit auch eine Teilung und Verfeinerung der Organe gleichen Schritt halten muß. Bei dieser Verfeinerung lassen uns aber unsere Augen gar bald im Stich, und wir müssen, um sie zu erkennen, zum Mikroskop greifen.

Da offenbart sich uns nun ein gar wunderbarer Bau. Wir sehen ein zierliches Gewebe, feiner als irgend eines, das Menschenhand wirkte, und dieses Gewebe besteht aus einer Unzahl von kleinen, dicht aneinander liegenden Bläschen, jedes mit einer eigenen, festen Wand und einem eigenen Inhalt. Man nennt ein solches Bläschen eine Zelle, und da alle Organe sich aus solchen zusammensetzen, so kann man die Zellen die Grund- oder Elementarorgane der Pflanze nennen.

Wollen wir uns also Kenntnis von Bau und Verrichtung der Organe verschaffen, so müssen wir uns zunächst über das Grundorgan, die Zelle, verständigen.

2. Der Bau der Zelle.

Die Zelle (Fig. 1) ist also ein kleines Bläschen. Während man aber bei einem solchen gewöhnlich die Wand als die Hauptsache betrachtet, ist dies in der Zelle der Inhalt; die Wand hingegen ist erst ein Erzeugnis des Inhalts.

Dieser Inhalt ist in jugendlichen Zellen eine den ganzen Innenraum ausfüllende schleimige Masse, in der man schon bei mäßiger Vergrößerung kleine Körnchen umherschwimmen sieht und in der außerdem eine größere Masse, der sogenannte Zellkern (welcher ein Kernkörperchen umschließt), auffällt. Damit ist aber der feinere Bau dieser Schleimmasse und ihres Kerns keineswegs erschöpft. Man hat auch die Forschung über denselben noch nicht ganz abgeschlossen; um so mehr können wir hier von ihm absehen.

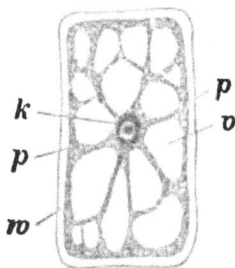

Fig. 1.
Schema einer Zelle.
w Zellwand, p Protoplasma, k Zellkern, v Vakuolen.

Jene Schleimmasse besteht chemisch aus Stoffen, welche man „Eiweißkörper" nennt und die sich durch die Gegenwart von Stickstoff, einem weitverbreiteten chemischen Element, auszeichnen. Sie führt den Namen Protoplasma oder Plasma. Man weiß jetzt, daß von ihm alle Lebenserscheinungen ausgehen, so daß man berechtigt ist, es den Lebensträger der Pflanze zu nennen.

Hierbei ist nun aber zu bemerken, daß es bei den niederen

Pflanzen Gebilde ohne Zellenwand giebt, das sind dann also keine Bläschen, auch keine Zellen mehr. Dazu kommt, daß der Inhalt der Zelle für das Leben wichtiger ist als die Wand. Wenn wir nun also auch die Zelle im obigen Sinne als das Elementarorgan der Gewebe betrachten dürfen, so ist sie doch nicht dasjenige des Lebens. Als solches haben wir einen Teil des Inhalts anzusehen, welchen J. von Sachs neuerdings wie wir unten sehen werden, mit Recht als E n e r g i d e bezeichnet hat.

Wie schon gesagt, nennen wir das Plasma der einzelnen Zelle die Energide, und zwar deshalb, weil von ihr alle Lebensenergie ausgeht. Für die Auffassung der ganzen Pflanze nun als eines Individuums ist es sehr wichtig, daß die Energiden der einzelnen Zellen sich nicht gegenseitig streng abschließen, sondern daß sie mit ihren Nachbarenergiden in Zusammenhang stehen; das geschieht durch äußerst feine Protoplasmafäden, welche durch die sehr feinen Poren der zuerst gebildeten Zellenmembran hindurch gehen und so alle Energiden zu einem gemeinsamen Energidennetz verbinden. Es ist anzunehmen, daß der auf eine gewisse Zelle ausgeübte Reiz durch diese Fäden auf andere übertragen werden kann.

Die Lebensthätigkeit der Energide äußert sich darin, daß sie sich teilt. Das kann also nur eine Protoplasma enthaltende Zelle; ohne dasselbe ist die Zelle als tot zu betrachten. Ferner kann man beobachten, daß sich die kleinen Körnchen des Protoplamas in einer unverletzten Zelle fortwährend strömend bewegen; auch das muß ein Zeichen des Lebens sein. Die Teilung des Protoplasmas und damit der ganzen Zelle hat man direkt beobachtet.

Die Zellteilung geht vom Kern aus, und dieser zeigt darin seine Bedeutung als Zentralorgan der Zelle bezw. der

Energide. Plasma und Zellkern haben eine Fadenstruktur. Schickt sich die Zelle zur Teilung an, so teilen sich zuerst die Kernfäden, bilden in der Mitte eine „Kernplatte" und rücken dann in zwei Gruppen an die Pole, wo sie sich zu zwei neuen Zellkernen vereinigen. Ist dies geschehen, so sammeln sich in der Mitte der Zelle kleine Celluloseteilchen, welche sich endlich zu einer Mittelwand vereinigen: die Teilung der Zelle ist beendet. Diese Vorgänge sind begleitet von der Bildung feiner, die neuen Zellkerne verbindender Fäden („Spindelfasern") im Protoplasma.

Die Wand der Zelle oder die **Zellmembran** ist eine feste, dehnbare Haut, welche die allen organischen Häuten eigene Fähigkeit besitzt, Flüssigkeiten durchzulassen (Diosmose). Sie besteht aus einem Stoff, den der Chemiker Cellulose nennt. Die Zelle kann — und zwar geht das auch von der Energide aus — in die Länge und in die Dicke wachsen. Wächst sie in die Länge, so entsteht eine faserförmige Zelle (Fig. 2, b); auch können mannigfache andere Formen entstehen: prismatische Zellen (Fig. 2, a), sternförmige Zellen (Fig. 2, d) u. s. w. Was

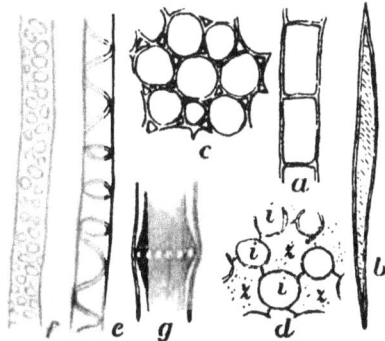

Fig. 2.
Zellformen, stark vergrößert.
a prismatische Zellen; b Faserzelle; c Gewebe aus rundlichen Zellen mit Intercellularräumen; d sternförmige Zelle (Z) mit großen Lücken (l) (Schwammgewebe); e Gefäß mit Spiral- und Ringleisten; f Tüpfelgefäß; g Siebröhre, Stelle wo zwei Glieder derselben aneinanderstoßen, in der Mitte die quer durchschnittene Siebplatte, das Graue ist der Inhalt.

die Größe der Zellen betrifft, so ist dieselbe natürlich sehr verschieden; bei den höheren Pflanzen sind sie zumeist mikroskopisch klein; es giebt aber auch niedere Pflanzen, welche aus einer einzigen Zelle bestehen („nichtcelluläre Pflanzen"), die unter Umständen sehr groß werden und eine weitgehende Individuation bezüglich der Gestalt aufweisen können. Daß diese „einzelligen" Pflanzen aber den mehrzelligen entsprechen, zeigt der Umstand, daß ihre Energiden zahlreiche Kerne besitzen.

Das Dickenwachstum geht vom Lumen der Zelle aus. Die verdickte Membran zeigt oft deutlich konzentrische Schichtung. Doch werden diese Schichten nicht ganz gleichmäßig gebildet, so daß in der Wand kanalartige Lücken (Fig. 3) entstehen, welche bis auf die ursprüngliche Wand der jungen Zelle gehen. Daß auch in dieser primären Wand sehr feine Kanäle die Zellen verbinden, ist schon gesagt. Ge= wöhnlich stoßen sie hier mit ähnlichen Kanälen der benachbarten Zellen zu= sammen, so daß an diesen Stellen eine

Fig. 8.
Steinzelle,
stark vergrößert;
verdickte Zellwand mit
Tüpfelkanälen.

Verbindung mit letzteren stattfinden kann. Von der Fläche gesehen, erscheinen diese Kanäle als Tüpfel. Die Ver= dickungen der Zellmembran können aber auch derart von Statten gehen, daß sie als Leisten (von Spiral=, Ring=, Netz= u. s. w. Form) in das Innere der Zelle vorspringen und dann, von der Fläche gesehen, als eine dementsprechende Zeichnung erscheinen (Fig. 2, e und f).

Eine besondere Form der Tüpfel sind die behöften; hier ist der Tüpfelkanal nicht gleichmäßig weit, sondern wird nach der primären Zellhaut zu weiter, die Oeffnung ist also enger, da ihm auf der anderen Seite ein ähnlicher Tüpfel entspricht; so entsteht im Ganzen dadurch ein linsenförmiger Raum, der in der Mitte durch eine Wand geteilt ist. Diese behöften Tüpfel sind Klappenventile; sie finden sich z. B. an faser= förmigen Zellen, die dann Tracheïden genannt werden.

Der Bau der Zelle.

Neben dieser Form=Veränderung durch Dickenwachstum kann die Zellwand auch stoffliche Veränderungen erfahren, indem in die Cellulose Stoffe eingelagert werden, welche ihr besondere Eigenschaften verleihen. So kann die Membran durch Einlagerung von Suberin bezw. Kutin verkorken und durch Lignin verholzen. Im ersten Fall zeigt sie eine besonders nachgiebige Geschmeidigkeit und ist dabei für Wasser undurchlässig. Die Pflanze läßt ihre Membran verkorken, wenn sie diese beiden Eigenschaften haben soll. Bei der Verholzung erlangt die Zellwand eine hervorragende Festigkeit, ohne dabei ihre Fähigkeit einzubüßen, Wasser durchzulassen; im Gegenteil das Wasser bewegt sich dann in ihr ganz besonders leicht. Endlich kann die Zellwand auch verschleimen (z. B. beim Lein= und Quittensamen).

Wenn die Wand wächst und die Zelle dadurch an Umfang zunimmt, so kann das Protoplasma dem nicht in gleichem Maße folgen, und es müssen darin Lücken entstehen, welche Vakuolen genannt werden, die aber nicht etwa leer sind, sondern mit dem von außen eintretenden Zellsaft angefüllt werden, d. h. mit Wasser, welches einige Salze (auch Zucker, organische Säuren und Farbstoffe) enthält. Das Protoplasma ist dann netzartig zerklüftet, und gewöhnlich schwebt der Zellkern mehr oder weniger in der Mitte, von einem Netzwerk von Plasmafäden getragen. Das an die Vakuolen angrenzende Plasma hat eine größere Festigkeit (Hautschicht), weshalb man gedacht hat, jene hätten eigne Wände. Nehmen die Vakuolen aber noch mehr überhand, so geht das Plasma ganz an die Wand zurück und mit ihm auch der Kern. Es bildet dann einen ringsum geschlossenen Sack, den Primordialschlauch.

Plasma und Zellsaft sind aber nicht die einzigen Inhalts= körper der Zelle, vielmehr kann das lebendige Protoplasma noch manche andere Stoffe in sich ausbilden. Da ist zunächst als wichtigster das Chlorophyll zu nennen, auf deutsch Blattgrün. Es verleiht der Pflanze die uns so wohlthuende grüne Farbe. Genauere Untersuchung mit dem Mikroskop zeigt, daß sich in dem Plasma gewisser Zellen, vor allem des Blattes, kleine Plasmakörnchen (Chloroplasten) befinden, welche mit einem grünen Farbstoff ausgestattet sind, der im Wasser nicht löslich ist, den man aber aus den Blättern durch Alkohol herausziehen kann.

Für eine Pflanze, die sich selbständig ernähren will, ist der grüne Farbstoff ein ganz unerläßlicher Bestandteil, der überhaupt erst die Ernährung bewirkt, wie dies später noch dargelegt werden soll, wenn wir von der Ernährung der Pflanze reden. Diese grüne Farbe kann nur entstehen, wenn das Sonnenlicht auf die Pflanze einwirkt: jedermann weiß ja, daß im Keller austreibende Pflanzen bleich und gelblich sind, daß sie aber ergrünen, wenn man sie ans Licht bringt; auch ist zum Ergrünen der Chloroplasten die Gegenwart von Eisen nötig. Innerhalb der Zelle nehmen die Blattgrünkörner oft eine durch das Licht beeinflußte Lage ein. Sie führen in gewisser Hinsicht ein selbständiges Leben, wenigstens hat man beobachtet, daß sie sich teilen.

Neben den Chlorophyllkörnern sind von den Inhalts= körpern der Zellen noch andere körnige Stoffe besonders wichtig, die man als das Produkt der Ernährung zu betrachten hat; nämlich die Stärkekörner. Sie entstehen in den Blatt= grünkörnern selbst oder in besonderen farblosen Protoplasma= gebilden (sog. Leukoplasten), denen man darnach den Namen Stärkebildner erteilt hat. Ihre körnige Beschaffenheit zeigt an, daß sie im Zellsaft, also in Wasser, unlöslich sind. Die Stärkekörner zeigen bei verschiedenen Pflanzen verschiedene

Formen. Hierauf beruht die Möglichkeit, die verschiedenen bekanntlich aus Stärke bestehenden Mehlarten mikroskopisch nachzuweisen und Fälschungen aufzudecken. Gewöhnlich ist eine Schichtung der Körner mehr oder weniger deutlich. Sie werden, ein bequemes Erkennungsmittel, durch Jodlösung blau gefärbt. Für die Pflanze sind sie von sehr großer Bedeutung. An dieser Stelle merken wir uns nur, daß sie den wichtigsten Bau= und Reservestoff darstellen.

Von anderen Inhaltsstoffen der Zelle nennen wir die nichtgrünen Farbstoffe. Trotz ihrer so großen und in die Augen fallenden Mannigfaltigkeit lassen sie sich in zwei Gruppen teilen: die einen sind in Zellsaft löslich, das sind die blauen und roten Farben; die anderen sind unlöslich und bilden daher Körnchen, das sind die gelben Farben, deren Zusammenhang mit dem Blattgrün unzweifelhaft ist. Sie sind wie letzteres an Protoplasmakörnchen gebunden, die man Chromoplasten nennt. Die große Mannigfaltigkeit der Farben in der Pflanzen= welt wird mit recht einfachen Mitteln erreicht: Kombination der verschiedenen Farben und besondere anatomische Verhältnisse.

Ein im Pflanzenreich sehr verbreiteter Stoff ist der Gerb= stoff. Er ist gelöst und läßt sich daher nur durch besondere chemische Reaktionen nachweisen. Ueber seine Bedeutung ist man sich trotz ausgedehnter Untersuchungen noch wenig klar: gewiß ist aber z. B., daß eine Art Gerbstoff mit der roten und blauen Farbe zusammenhängt.

Neben den genannten Inhaltskörpern finden sich in der Zelle Kristalle verschiedener Salze in Form von Nadeln, Doppelpyramiden und Morgensternen. Ganz besonders kommt hierbei oxalsaurer Kalk in Betracht; diese Kristalle sind Aus= wurfstoffe, die aber, wenn giftig, ein Schutzmittel gegen An= griffe von Tieren bilden. Endlich seien noch die rundlichen

oft kristallähnliche Eiweißmassen umschließenden Proteïn=
körner genannt, welche selbst auch Eiweißstoffe sind und
z. B. in Samen von Gräsern und von Ricinus vorkommen.

3. Gefäße und Röhren.

Es läßt sich der Satz aufstellen, daß es nichts in der
Pflanze giebt, was nicht aus Zellen besteht oder doch wenig=
stens aus und in Zellen seinen Ursprung genommen hat.

Nun wird die Pflanze aber noch von Röhren durchzogen,
die in den Wurzeln ihren Anfang nehmen und oben in dem
zarten Aderwerk der Blätter endigen. Auch sie sind ursprüng=
lich Zellen gewesen, aber dadurch, daß die Querwände der
senkrecht untereinander liegenden Zellen aufgelöst wurden, zu
Röhren geworden. — Sie werden Gefäße genannt und
stellen ein Leitungssystem für Luft, auch wohl für Wasser
dar. Aeußerlich sind sie, natürlich nur unter dem Mikroskop,
daran zu erkennen, daß sie eigenartige Wandverdickungen be=
sitzen, Leisten, die in das Innere der Röhren einspringen und
teils spiralig, teils ringförmig, netzförmig, treppenförmig oder
endlich einfach tüpfelförmig sind; man unterscheidet darnach
Spiral=, Ring-, Netz=, Treppen= und Tüpfelgefäße. Diese
Leisten sollen offenbar die Gefäße aussteifen (Fig. 2, e und f)
und ihnen größere Festigkeit verleihen. Die Wände der Ge=
fäße sind verholzt, leiten daher leicht Wasser. Da die Ener=
giden aus ihnen verschwunden sind, so sind die Gefäße als
tot zu betrachten, doch spielen sie trotzdem noch als Luft= und
Wasserleiter eine große Rolle. — Mit den oben genannten
Tracheïden sind die Gefäße durch Uebergänge verbunden.

Neben diesen Gefäßen kommen in der Pflanze sogenannte
Siebröhren vor. Es sind dies Röhren, die auch aus
übereinanderstehenden Zellen entstehen; hier werden aber die

Querwände nicht ganz aufgelöst, sondern siebartig durchlöchert. Auch an den Seiten der Siebröhren kommen solche Sieb= platten vor. Die Wände bestehen noch aus Cellulose, und der Gehalt an Protoplasma, wenigstens als dünner Wand= beleg, zeigt an, daß die Siebröhren noch Leben haben. Vor allem enthalten sie aber einen Eiweißschleim, offenbar ein Nährstoff der Pflanze, dessen Leitung sie übernehmen. (Fig. 2, g.)

Eine dritte Art von Röhren sind die **Milchsaftröhren**, welche jenen milchartigen Saft enthalten, durch den sich manche Pflanzen, wie die Wolfsmilcharten, auszeichnen. Auch sie ent= stehen durch Resorption der Querwände über einander liegender Zellen; es giebt jedoch auch Milchsaftzellschläuche, einzelne, verzweigte, sehr lange Zellen, welche am Ende immer weiter wachsen.

4. Die Gewebearten.

Wir haben schon gesehen, daß eine Lebensthätigkeit der Zelle darin besteht, daß sie sich teilen kann. Es giebt viele niedere Pflanzen, welche ihr Lebtag einzellig bleiben. Haben sie sich geteilt, so trennen sich auch die beiden „Tochterzellen“ alsbald wieder. Allein bei den meisten Pflanzen ist es nicht so, sondern da bleiben die beiden neuen Zellen in stetem Zu= sammenhang, und jede dieser beiden Töchter kann nun auch dem Beispiel der Mutter folgen und sich wieder teilen, indem jedesmal die sich teilende Zelle ihre eigene Selbständigkeit auf= giebt und zu zwei neuen Zellen wird. So entsteht eine Ge= meinschaft von Zellen, welche **Gewebe** genannt wird (Fig. 2, c und d).

Es liegt auf der Hand, daß der Charakter dieser Ge= webebildung unter dem Einfluß der Richtung stehen wird, in welcher sich die Teilung und Ausdehnung der Zellen fortsetzt. Erfolgen die Teilungen, sowie die Ausdehnung der Zellen in

einer auf der Längsachse der Zelle senkrechten Richtung, so
geht aus diesem Wachstum ein fadenförmiges, nur eine Zelle
breites Gewebe hervor; finden die Teilungen in zwei Rich=
tungen statt, so muß ein flächenartiges Gebilde entstehen, und
wenn sich endlich die Zellen in drei auf einander senkrecht
stehenden Richtungen teilen, so ergiebt sich ein Zellkörper.

Wir haben nun in der Natur Pflanzen, welche diesen
einzelnen Formen entsprechen. Neben den einzelligen Pflanzen
finden wir besonders unter den niederen Formen solche, die
ein faden=, flächen= oder körperförmiges Gewebe darstellen; aber
auch an der höheren Pflanze kommen derartige Gebilde vor;
doch sind bei ihr die körperlichen Gewebe die bei weitem über=
wiegenden. Bei der Einteilung der Gewebearten einer höheren
Pflanze ist die Form der einzelnen Zellen maßgebend, vor
allem aber auch ihre physiologische Bedeutung, ohne welche sie
nicht zu verstehen sind.

Wenn die Zellen, die das Gewebe zusammensetzen, eine
im allgemeinen würfelförmige oder prismatische Gestalt haben
und sich in ihren Ausdehnungen mehr der Kugelform nähern,
so nennt man das Gewebe parenchymatisch (Parenchym);
besteht es dagegen aus faserförmigen langgestreckten Zellen, so
ist es prosenchymatisch (Prosenchym). Das erstere dient
mehr Ernährungszwecken, das letztere der Wasserleitung und
mechanischen Zwecken. Wenn in einem parenchymatischen
Gewebe nur die Ecken Verdickungen zeigen, so nennt man es
Kollenchym, wenn es aber aus sehr stark verdickten Zellen
(Fig. 3, Steinzellen) besteht, Sklerenchym.

Wichtiger ist die Unterscheidung der Gewebe nach ihrer
physiologischen Bedeutung. Dabei ist zunächst zu beachten,
ob das Gewebe noch teilungsfähig ist, dann nennt man es
Meristem (primär ist das Meristem des Vegetationskegels)

am Gipfel der Sprosse und Knospen; sekundär ist das Meristem, Kambium, welches die Korkbildung der Bäume bewirkt, s. unt.), oder ob es die Teilungsfähigkeit verloren hat, dann ist es ein Dauergewebe. — Nach ihren Aufgaben sind dann ferner die Dauergewebe bei den höheren Pflanzen in drei Gruppen zu teilen, die nach Lage und Form bezeichnet werden als Hautgewebe, Grundgewebe und Stranggewebe.

a) Das Hautgewebe

umschließt, wie der Name sagt, als eine Haut die ganze (junge) Pflanze; später ist es nur noch auf den Blättern zu finden. Das übrige Gewebe der Pflanze erscheint dann wie eine Grund= masse (daher Grundgewebe), in welcher strangartige Massen (Stranggewebe) gewissermaßen eingebettet sind.

Die Zellen des Hautgewebes stehen lückenlos zusammen; sie enthalten kein Chlorophyll, und die äußerste Schicht ihrer Außenwand ist verkorkt (durch Kutin), also elastisch und un= durchlässig für Wasser. Sie sind entweder sechseckig lang= gestreckt (oft an grünen Stengeln), oder ihre Wände sind ge= schlängelt und greifen ineinander (besonders an Blättern). Sie besitzen schwache Energiden, farblose Chromatophoren und viel Wasser, so daß durch die Oberhaut die Pflanze wie mit einem Wassermantel umgeben ist. Die Undurchlässigkeit für Wasser wird oft durch eine Wachsschicht auf der Oberhaut verstärkt (Erbse), auch Inkrustationen von Kieselsäure und Kalk kommen vor. Die vom Hautgewebe gebildete Oberhaut oder Epi= dermis der Blätter dient aber auch dem Gasaustausch und der Transpiration (Ausdünstung). Dazu besitzt sie besondere Vorrichtungen, die sogenannten Spaltöffnungen: zwei bohnenförmige Zellen (Schließzellen, mit Chlorophyll) stehen einander gegenüber, lassen also zwischen sich einen Spalt, der sich durch Annäherung oder Entfernung der Schließzellen schließen, bezw. öffnen läßt. Beides wird von der Pflanze selbst geregelt; denn bei großem Wassergehalt treten die Schließzellen auseinander, und bei geringem Wassergehalt nähern sie sich einander, was mit der verschiedenen Ausbildung der Schließzellenwände zusammenhängt.

Spaltöffnungen finden sich besonders auf der Blattunterseite, bei schwimmenden Blättern auf der Oberseite, weniger zahlreich an krautigen Stengeln. — Manche Pflanzen besitzen zur Absonderung flüssigen Wassers besondere „Wasserspalten."

Haare sind Gebilde der Oberhaut; die einfachsten entstehen, indem sich Epidermiszellen vorwölben und wachsen; nehmen auch tiefer gelegene Zellen an ihrer Bildung teil, so spricht man von Emergenzen. — Beide haben sehr mannigfache Formen; sie dienen zum Schutz gegen Verdunstung oder gegen Tiere. Manche Haare sondern ein Sekret ab, Drüsen- und Brennhaare.

b) Das Grundgewebe

kann je nach seinem Zweck die oben genannten Formen zeigen: parenchymatisches Grundgewebe dient meistens der Ernährung, in ihm findet sich daher oft Chlorophyll (es kommt vor im Blattgewebe und in der Rinde). Doch auch das Mark der Bäume ist Parenchym; da es aber kein Plasma enthält, ist es als tot zu betrachten. Sklerenchymatisches und kollenchymatisches Gewebe kommt in der Rinde vor und soll derselben Festigkeit verleihen. Zwischen den Zellen finden sich oft Lücken, Intercellularräume (Fig. 2 c), welche der Durchlüftung dienen. Sind sie groß und die Zellen sternförmig, so entsteht ein schwammartiges Gewebe (Fig. 2 d) (bei Wasserpflanzen). Das Grundgewebe kann aber auch Speichergewebe sein,

in vielen Organen wird in ihm vor allem Stärke als Reserve=
stoff abgelagert; es können in ihm jedoch auch Auswurfstoffe,
wie Harze, Gummi, ätherische Oele, Alkaloide angesammelt
werden, die dann auch noch eine Nebenbedeutung haben (s. unten).

c) Das Stranggewebe

stellt jene Stränge dar, welche, wie schon gesagt, in dem
Grundgewebe gleichsam ein=
gebettet sind und die ganze
Pflanze durchziehen.   Sie
beginnen an den Wurzel=
spitzen und endigen in den
feinen Verästelungen der
Blattadern.   Sie bilden ein
Leitungssystem, dienen aber,
wie wir gleich sehen werden,
auch noch anderen Zwecken.
Gerade bei ihnen zeigt sich
so schön, wie in der Natur,
bei der Allweisheit ihrer
Einrichtungen, mit einem
Mittel mehrere Zwecke erfüllt
werden.

Man nennt diese Stränge
(Fig. 4) Gefäßbündel,

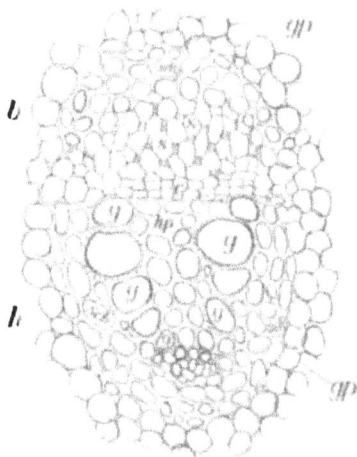

Fig. 4.
Ranunculus repens, krie=
chender Hahnenfuß, ein Ge=
fäßbündel, stark vergrößert.
b Bastteil; c Kambium; h Holzteil;
s Siebröhren; g Gefäße; hp Holz=
prosenchym; sch Scheide; gp Grund=
parenchym.

weil in ihnen Gefäße vorkommen; es ist aber keine gute Be=
zeichnung, da die Gefäße durchaus nicht die Hauptsache sind;
besser ist es, sie Leitbündel zu nennen.   Sie bestehen in
der ausgeprägtesten Form aus 3 Teilen: Gefäßteil (auch
Holzteil genannt), Siebröhrenteil (auch Bast) und
Kambium.   Auf dem meist eiförmigen Querschnitt des Ge=

fäßbündels sind diese drei Teile so angeordnet, daß das Kam=
bium eine schmale Zone zwischen den beiden anderen Teilen
einnimmt, und im Stengel ist das Gefäßbündel meist derartig
gestellt, daß der Gefäßteil dem Mittelpunkt, der Siebröhren=
teil dagegen dem Umfang zugekehrt ist.

Der Gefäßteil hat seinen Namen von seinen hervor=
stechendsten Bestandteilen, nämlich den Gefäßen. Die innersten
Gefäße sind enger als die äußeren, und die Untersuchung auf
dem Längsschnitte zeigt, daß jene inneren enge Spiral= und
Ringgefäße sind. Weiterhin besitzt das Gefäßbündel aber nur
Tüpfelgefäße. Zwischen den Gefäßen liegen Parenchym=
zellen und besonders auch Holzfaserzellen, welche oft
den größten Teil des Holzes ausmachen.

In dem Siebröhrenteil finden sich Siebröhren (ohne
Zellkern), daneben Parenchymzellen, welche Geleitzellen
(mit Zellkern) heißen. Dieser Teil des Gefäßbündels ist ge=
wöhnlich aus dünnwandigeren und unverholzten Zellen gebildet,
hat auch einen geringeren Umfang als der Holzteil. Um ihn
herum liegt ein Halbmond von Fasern, welche oft mit denen,
die den Holzteil umgeben, zusammenstoßen und dann eine
„Schutzscheide" bilden. Geht diese um das ganze Bündel
herum, so schließt dies eine Vergrößerung desselben aus; das
Kambium erstarrt dann zu einem dünnwandigen Gewebe; ein
solches Bündel heißt „geschlossen," während es im ersteren Fall
„offen" genannt wird.

Das Kambium ist im übrigen eine Schichte von sehr
zarten Zellen, welche in Teilung begriffen sind und sich nach
außen zu den Zellen des Siebröhrenteils, nach innen zu denen
des Gefäßteils ausbilden. Es hängt unmittelbar mit dem
Meristem des Vegetationskegels zusammen, ist also ein pri=
märes Meristem.

Was nun die Bedeutung der Gefäßbündel anbelangt, so dienen sie in erster Linie zur Leitung: der Gefäßteil zur Leitung des Wassers, der Siebröhrenteil zur Leitung der Eiweißstoffe. Daneben sollen die Gefäßbündel aber auch durch ihre mechanisch wirksamen Zellen und Fasern die Pflanze aufrecht erhalten; sie bilden demgemäß Träger, welche in ihrer Gesamtordnung, wie auch in der Ordnung ihrer mechanischen Zellen den Gesetzen der Mechanik entsprechen.

5. Das Dickenwachstum.

Einzelne Gefäßbündelstränge, wie sie eben beschrieben wurden, durchziehen den Stengel einjähriger, schwacher und der monokotylen Pflanzen, sowie alle Blätter. Allein es läßt sich denken, daß dies so einfach nicht bleiben kann, wenn der Stengel im Lauf des Lebens in die Dicke wächst, wie es bei den meisten Dikotylen ist (Fig. 5). In diesem Fall geht das Wachstum auch wieder von dem Gefäßbündel aus und zwar von dem Kambium.

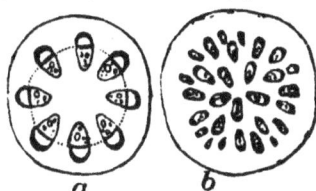

Fig. 5.
Schema der Gefäßbündel-anordnung (auf dem Quer-schnitt) bei einer dikotylen Pflanze Fig. 5, a), z. B. Hahnen-fuß, und einer monokotylen Fig. 5, b) z. B. Binse, Gras. Im ersten Fall sind die Bündel in einen Kreis gestellt, an den ge-strichelten Stellen bildet sich beim Dickenwachstum das Kambium. Im zweiten Fall sind die Bündel auf den Querschnitt zerstreut.

Die zarten Zellen desselben haben die Fähigkeit behalten, sich zu teilen; sie bilden gewissermaßen einen Jungbrunnen, aus dem sich die Pflanze andauernd erneuern kann. Dabei findet aber noch etwas Besonderes statt. Es läßt sich vorstellen, daß das Wachstum in die Dicke ein ganz ungleichmäßiges sein würde, wenn das Kambium immer nur in einzelnen Bündeln vorkäme. Um dies zu vermeiden, entsteht gar bald ein geschlossener Ring, und zwar dadurch, daß die zwischen den Kambiumteilen liegenden Parenchymzellen des Grund= gewebes anfangen, sich zu teilen und daß die neuen Zellen sich dem Kambium anschließen.

Dieser derartig entstandene Kambiumring erzeugt nun fortwährend nach innen Gefäße, Fasern und Parenchymzellen, nach außen Siebröhren und Parenchymzellen, sowie auch Faserzellen. Die ersteren schließen sich zu einem dichten Ge= webecylinder zusammen und bilden das, was man im gewöhn= lichen Leben Holz nennt; die letzteren hingegen bilden nur einzelne Kappen über den ursprünglichen Gefäßbündeln. Ihre Fasern aber hängen in festen Schichten zusammen und lassen sich daraus als Bast gewinnen, der bekanntlich wegen dieser Eigenschaft zum Binden u. s. w. benutzt werden kann.

Bei den Nadelhölzern besteht das sekundär gebildete Holz nur aus Tracheïden, bei den bedecktsamigen Bäumen (also z. B. bei unseren Obst= und Laubwaldbäumen) hat das Holz einen viel komplizierteren Bau, indem es neben echten Gefäßen noch Tracheïden, Faserzellen und Parenchymzellen in vielfachen Uebergängen aufweist. Hierdurch kann zwischen den verschiedenen Arten eine große Mannigfaltigkeit erreicht werden, so daß man die Arten nach dem Holz unterscheiden kann. Die Gefäße und Tracheïden dienen dabei der Luft= und Wasser= leitung, die parenchymatischen Elemente und Faserzellen sind oft Speicherorgane, in denen sich im Winter Stärke ansammelt.

Der Holzkörper ist übrigens doch kein völlig einheitlich gebildeter Gewebecylinder, er wird vielmehr von Zellplatten durchzogen, die senkrecht stehend strahlig von innen nach außen laufen, so daß sie auf dem Querschnitt als dünne Strahlen, auf dem sog. Radialschnitt (in der Richtung des Radius) dagegen als Zellplatten erscheinen. Man nennt sie Mark=

strahlen, weil sie, wenigstens z. T., von dem Mark, d. h.
dem innersten Grundgewebe, aus nach außen strahlig ver=
laufen, nämlich an den ursprünglichen Trennungsstellen der
benachbarten Gefäßbündel. Es giebt aber auch noch andere
derartige Markstrahlen, welche das Mark nicht erreichen, also
kürzer sind; sie werden im Gegensatze zu den anderen, den
„primären," die „sekundären" Markstrahlen ge=
nannt. In den Markstrahlen werden die in den Blättern
gebildeten Stoffe geleitet; oft sieht man in ihnen eine Auf=
speicherung von Stärke.

Die Thätigkeit des Kambiums ist natürlich von äußeren
Verhältnissen abhängig; sind diese den Ernährungsverhältnissen
ungünstig, so wird die Lebensthätigkeit, d. h. die Teilung des
Kambiums, eine verminderte sein. Nun ist ja in unsern
Breiten die Vegetationsperiode keine andauernde, sondern wird
mit dem Eintritt einer kälteren Jahreszeit unterbrochen. Dann
fällt das welkende Laub von den Bäumen, und der Baum
streckt trauernd seine kahlen Aeste gen Himmel. Und auch
im Innern steht der Lebensstrom still; es ist, als ob ein
tiefer Winterschlaf alle Zellen in seinen erstarrenden Bann
nähme: die Teilung des Kambiums wird vollständig einge=
stellt, und der Baum wächst also auch nicht in die Dicke.
Bekanntlich kommt aber auch der Winter nicht über Nacht
nach einem warmen Sommertag. Vielmehr ergreift er all=
mählich das Scepter und gewöhnt durch seinen milderen Boten
Herbst die Natur an seine strenge Herrschaft. Demnach wird
auch der Baum im Verlauf des Herbstes seine Thätigkeit
allmählich einstellen, daher beobachtet man dann auch im Herbst,
wie die Teilungen des Kambiums allgemach schwächer werden.
Obendrein sind die Zellen, die es dabei bildet, dickwandiger
und enger, und die Zahl der Gefäße ist kleiner. Die Folge

davon ist, daß dieses Herbstholz dichter erscheint als das
früher erzeugte. Tritt nun aber nach der winterlichen Ruhe
wieder, von den lauen Lüften erweckt, die neue Vegetations=
periode ein, so beginnt auf einmal ein mächtiges Strömen
und Wandern der Lebenssäfte, und das Kambium fängt macht=
voll seine Arbeit von neuem an. Die Folge davon ist, daß
nun ein Gewebe, das sogenannte Frühjahrsholz, entsteht,
das einen ganz andern Charakter hat; es hat weitere und
dünnwandigere Zellen und ist reicher an Gefäßen; daher er=
scheint es bedeutend lockerer als das Herbstholz.

Denkt man sich dies nun in den verschiedenen Jahren
wiederholt, so wird es verständlich, daß der Holzkörper auf
dem Querschnitt wie aus konzentrischen Ringen zusammen=
gesetzt erscheint; denn die Grenze des lockeren Frühjahrsholzes
gegen das feste Holz des vorigen Herbstes ist eine scharfe.
Man nennt diese Ringe Jahresringe. Aus ihrer Aus=
bildung und Dicke läßt sich auf die Fruchtbarkeit und auf aller=
hand Begleiterscheinungen des betreffenden Jahres schließen.
Da in jedem Jahr dem Holz ein Ring zugefügt wird, kann man
aus der Zahl der Jahresringe auch auf das Alter des Baumes
schließen. Der Zuwachs der Bastregion ist hingegen kein so
regelmäßiger, höchstens dann, wenn die Bastfasern zonenweise
entstehen. Jedenfalls kann an diesem Teil des Baumes das
Alter nicht erkannt werden.

Wenn der Baum nun von Jahr zu Jahr dicker wird,
so läßt sich denken, daß auch die Außenschicht eine Verände=
rung erfahren muß. Nun ist ja die Oberhaut aus verkorkten
und daher elastischen Zellen gebildet, so daß sie einem von
innen her auf sie ausgeübten Druck wohl im Anfang nach=
geben kann; allein dies kann selbstredend nicht lange andauern,
und endlich, wenn die Elastizitätsgrenze der Oberhaut über=

schritten ist, wird sie platzen. Da hierdurch aber dem Wasser=
strom im Innern ein seitlicher Ausweg gestattet wäre, muß
die Pflanze Vorbeugungsmaßregeln treffen.

Schon ehe jene Katastrophe in der Oberhaut eintritt,
bildet sich aus ihren eigenen oder aus unter ihr gelegenen
Zellen eine Schicht teilungsfähigen Gewebes, das nun rings
um den Stamm herum einen Mantel dicht aneinander stehen=
der Zellen bildet, die zwar meist ziemlich dünnwandig sind,
aber doch wegen Verkorkung der Wände eine beträchtliche
Dehnbarkeit aufweisen, aus demselben Grunde aber auch die
Verdunstung des Wassers hindern. Soll nun dieser Ersatz
der Oberhaut ein dauernder sein, so muß er sich fortwährend
erneuern, und dies geschieht thatsächlich durch ein besonderes
Kambium in der Rinde des Baumes, aus welchem sich fort=
während nach außen neue derartige Zellen bilden, in demselben
Maße, wie die außen gelegenen sich abstoßen oder wegen des
Dickenwachstums des Baumes sich ablösen. Die dadurch
entstehenden mehr oder weniger mächtigen Gewebeschichten
führen den Namen K o r k. Dieselben sind bei der Korkeiche
so stark, daß man sie ablösen und verwerten kann, wobei ihre
Elastizität und Undurchlässigkeit für Wasser besonders wertvoll
sind (Flaschenkork).

Es ist schon gesagt worden, daß jenes sich nachträglich
bildende Korkkambium in der Oberhaut selbst oder auch in
tieferen Schichten der Rinde seinen Ursprung nehmen kann.
Dies kann zu einer Bildung besonderer Art führen. Wenn
nämlich der Kork in tieferen Schichten entsteht, so wird er
nach außen Gewebemassen abschneiden, und diese müssen un=
bedingt absterben, weil der Kork die Wasserzufuhr zu jenen
Schichten hindert; dies ist aber jederzeit gleichbedeutend mit
Tod. Diese äußeren Gewebeschichten werden nun vertrocknen

und sich allmählich samt dem äußeren Kork ablösen; man nennt sie dann Borke. Man unterscheidet zwei Hauptformen der Borke: Schuppen= und Ringelborke. Die erstere ist an Birnbäumen und Kiefern deutlich zu sehen; die sich hier ablösenden Schuppen entstehen dadurch, daß der Kork nur kleinere Partien der Rinde abschneidet. Die bei Kirsch= bäumen und Birken bemerkenswerte Ringelborke hingegen er= fordert eine rings um den Baum gehende, geschlossene Kork= schicht, welche infolge des Dickenwachstums platzt und sich ablöst, um einer tiefer gelegenen Korkschicht Platz zu machen.

6. Die Auswurfstoffe.

Neben den angedeuteten Bauelementen des Pflanzen= körpers finden sich noch andere, deren Bedeutung keine sehr große ist: die sogenannten Auswurfstoffe, also Stoffe, welche von der Pflanze ausgeschieden sind, weil sie für ihren eigent= lichen Aufbau keinen Wert mehr haben. Es sind das ge= wöhnlich Gummi= und Harzstoffe, sowie ätherische Oele. Sie sind Nebenprodukte des Stoffwechsels, leisten aber trotzdem noch eine kleine Arbeit, ein Beweis, wie wunder= bar und weise alles an der Pflanze ausgenutzt ist und wie das eine so fein in das andere eingreift, daß nie und nimmer ein Zufall, sondern nur eine unendliche Weisheit es so hat ordnen können. Manche dieser Stoffe, die, besonders wenn sie an Laubblättern, Samen und Früchten auftreten, harzig sind und stark riechen, schützen diese Teile vor Tierfraß. Andere, wie besonders ätherische Oele, dienen gerade umgekehrt dazu, Tiere anzulocken, um sie zur Verbreitung der Samen und Früchte zu bewegen.

Diese oft großen Massen von Harz, welche aus den Wunden der Nadelhölzer hervorquellen, bewirken, daß die

Wunden von der Luft abgeschlossen werden und unter diesem
Schutz besser vernarben. Die Balsamstoffe, welche die
Knospen, z. B. der Roßkastanie, bekleiden, schützen die jungen
Blätter vor Tieren und vor zu weit gehender Wasserver=
dunstung. Die Klebstoffe am Stengel der Pechnelke fangen
unliebsame Gäste vor ihrem Eintritt in die Blüte wie mit
einer Leimrute ab.

Diese Stoffe finden sich in Behältern, die sowohl dem
Haut= als auch dem Grund= und dem Stranggewebe ange=
hören können. Wir rechnen hierher auch den Milchsaft,
der aus einer wässerigen Flüssigkeit (oft mit Stärke und
Zucker) und darin schwimmenden Gerinnungskörperchen besteht
und auch Harze und Gummi enthält. Er findet sich in vielfach
verzweigten Röhrensystemen; die Röhren sind, wie schon gesagt,
entweder gegliedert (wie bei Schwarzwurz) oder ungegliedert
(wie bei Wolfsmilch). Manche Harze, Gummistoffe und
Gerbstoffe finden sich in Schläuchen, d. h. in sehr langen
übereinander liegenden, dünnwandigen Zellen, welche nament=
lich im Grundgewebe liegen. Oft kommt es vor, daß sich
zwischen den Zellen Intercellularräume bilden, welche
durch Auseinanderweichen der Zellen entstehen und Gummi
und Harz in sich aufnehmen; dabei kann der Gang mit be=
sonderen Zellen austapeziert sein, welche jene Auswurfstoffe
absondern, aber sie zum Teil auch durch Umwandlung ihrer
eigenen Zellwände erzeugen.

7. Das Leben der Gewebe.

Die verschiedenen Gewebe zeigen eine sehr weitgehende
Arbeitsteilung: das eine dient der Ernährung, das andere der
Leitung, das dritte der Speicherung. Dieses hält das Wasser
in der Pflanze zurück und reguliert seine Verdunstung, jenes
giebt ihr die nötige Festigkeit. So hat jedes seine Arbeit.

Daß auch ein Wachstum der Gewebe möglich ist, haben wir bei Erörterung des Dickenwachstums und des Kork= kambiums gesehen; die eigentliche Neubildung aller Gewebe findet vom Vegetationskegel aus statt.

Natürlich ist das Leben der Gewebe abhängig vom Leben der Energiden seiner Zellen. Wie die Zelle ohne Ener= giden tot ist, so auch ein Gewebe ohne Energiden in seinen Zellen. Aber auch die toten Gewebe haben oft noch ihren besonderen Zweck. Manche freilich, wie die Borke und oft auch das Mark, werden abgestoßen oder resorbiert, andere, wie das Kernholz der Bäume, erhöht die Festigkeit und hilft den Baum aufrecht erhalten.

8. Der Bau von Blatt und Wurzel.

Während der Stengel (und auch die Wurzel, also die Achsenorgane) radiär d. h. strahlig gebaut ist, ist das Blatt bilateral, d. h. zweiseitig: es besitzt eine Rücken= und Bauchseite, ein Oben und Unten. Es ist in seiner vollendeten Gestalt flächenförmig und besteht der Hauptsache nach aus einem Grundgewebe, welches oben und unten von einer Ober= haut überzogen ist, die den früher beschriebenen Bau besitzt. In diesem Grundgewebe findet sich ein reiches Netz von Ge= fäßbündeln, welche hier den Namen Adern oder Nerven führen. Ersterer ist nicht gut und letzterer sehr schlecht; denn mit dem tierischen Begriff Ader haben diese Stränge wenig und mit den Nerven gar nichts zu thun. Es sind einfache Gefäßbündel, die einer Verdickung nicht fähig sind, wohl aber eine oft ausgiebige mechanische Verstärkung besitzen.

Die Hauptstränge sind besonders stark und dienen außer zur Leitung noch zur Aussteifung des Blattes, ähnlich wie die Drähte den Regenschirm aussteifen. Die feineren Stränge

dienen dagegen nur zur Leitung; sie bilden daher ein sehr
enges Netz, um den Stätten, aus denen Stoffe abgeleitet
werden sollen, recht nahe zu sein. Diese finden sich in dem
übrigen Blattgewebe. Dasselbe ist ein mehr oder weniger
lockeres Parenchym, das sich durch starken Gehalt an Blatt=
grün auszeichnet. Gewöhnlich lassen sich in diesem Grund=
gewebe zwei verschiedene Schichten unterscheiden: unter der
Oberhaut der Oberseite liegen auf sie senkrecht gestreckte Zellen
(Pallisadenzellen); an diese schließen sich, je mehreren ent=
sprechend, hin und wieder trichterförmige Sammelzellen an
und an diese ein weite Intercellularräume bildendes lockeres
Schwammparenchym, welches der unteren Oberhaut mit
den Spaltöffnungen anliegt. Die Pallisadenzellen sind in
erster Linie Assimilationszellen; ihre langgestreckte Form, senk=
recht zur Blattoberfläche, gestattet den Lichtstrahlen möglichst
ungehinderten Zutritt, was für den Assimilationsvorgang
wichtig ist.

Daß dieser nur in allgemeinen Umrissen skizzierte Bau
des Blattes auch wieder Spielraum für mannigfache Ab=
weichungen läßt, liegt auf der Hand, ist doch die außerordent=
liche Verschiedenheit in der Ausbildung der äußeren Blattform
stets mit anatomischen Besonderheiten verknüpft.

Selbstredend wird die Wurzel als Achsenorgan im ana=
tomischen Bau dem Sproßstamm näher stehen als das Blatt,
allein sie zeigt doch eine grundsätzliche Verschiedenheit. Diese
beruht darauf, daß der Gefäßbündelkörper wenigstens bei
dünneren Wurzeln ganz zentral in dem Grundgewebe liegt,
so daß also kein Mark übrig bleibt; vor allem aber auch
darauf, daß die Gefäß= und Siebröhrenteile nicht radial hinter
einander, sondern tangential neben einander liegen, so daß
also zwei benachbarte Gefäßteile den Siebröhrenteil zwischen

sich nehmen.   Dabei liegen auch die zuerst entstandenen engen
und dickwandigen Gefäße nach außen, die weiteren nach innen.
Die Anzahl dieser primären Gefäßstränge ist für die Wurzel
kennzeichnend.   Die dritte Eigenart der Wurzel besteht darin,
daß dieser Gefäßbündelcylinder von einer einfachen Schicht
dünnwandiger Zellen, dem P e r i k a m b i u m, umgeben ist
und daß an diese sich nach außen eine oft aus starkwandigen
Zellen gebildete S t r a n g s c h e i d e anschließt, durch welche
der achsiale Cylinder nach außen wasserdicht abgeschlossen ist.
Dieser ganze zentral gelegene Cylinder nun ist von einer oft
mächtigen Rindenschicht umgeben; nach außen endlich liegt
eine Oberhaut, welche aber keine Spaltöffnungen enthält, da
dieselben ja hier, in der Erde, unnötig sind.

Die Wurzeln können aber auch ein Dickenwachstum be=
sitzen.   Da Gefäß= und Siebröhrenteil hier anders als im
Stamm liegen, muß es hier auch anders eingeleitet werden.
Die vom Siebröhrenteil nach innen und vom Gefäßteil nach
außen zu liegenden Zellen beginnen kambiale Teilungen.
Dadurch entsteht ein wellenförmig verlaufendes Kambium,
welches nach außen Bast, nach innen Holz erzeugt; allein
dabei gleicht sich der Verlauf des Kambiums allmählich aus
und wird mehr und mehr kreisförmig, so daß oft schließlich
kaum ein Unterschied zwischen Stamm und Wurzel zu er=
kennen ist.   Bei manchen kultivierten Wurzeln hingegen be=
ruht die Verdickung nicht auf Holzbildung, sondern auf Ver=
mehrung des Parenchyms, das eine mächtige Ausdehnung er=
fährt und zur Aufnahme einer außerordentlichen Menge von
Zellsaft dient.   Dies ist der Fall bei manchen Kohlarten, bei
der Mohrrübe und Runkelrübe.

Fragen wir uns noch, was für ein Zweck durch die Ver=
schiedenheit des anatomischen Baus von Stengel und Wurzel

verfolgt wird, so finden wir ihn vor allem in der mechanischen Leistung beider. Es ist ein mechanisches Gesetz, daß man bei Vorrichtungen, welche Biegungsfestigkeit besitzen sollen, die mechanisch wirksamen Teile peripherisch anbringt, weil die Teile im Zentrum unwirksam, also unnötig sind; andererseits beansprucht eine Vorrichtung, die Zugfestigkeit besitzen soll, eine Zusammenziehung der mechanischen Elemente nach innen, nach der Achse zu. Nun muß der Stengel, der aufrecht steht, wie leicht einzusehen ist, in erster Linie biegungsfest gebaut sein; daher bilden auch seine mechanisch wirksamen Zellen einen Hohlcylinder. Dagegen muß die im Erdboden sich befestigende Wurzel zugfest gebaut sein; daher besitzt sie einen achsial gelegenen, mechanisch kräftigen Cylinder. Ebenso bedürfen oberirdische Achsen, die einem starken Zug nach unten Widerstand zu leisten haben, einer zentripetalen (d. h. dem Mittelpunkt des Querschnitts zustrebenden) Anordnung ihrer mechanischen Zellen; eine solche weisen z. B. die Stiele abwärts gerichteter Früchte auf.

———

II. Die äußeren Organe der Pflanze.

1. Arbeitsleistung und Arbeitswerkzeug.

Erhaltung des eignen Lebens und Erhaltung der Art, das sind die beiden Hauptziele des Pflanzenlebens. Alle Arbeit, welche die Pflanze verrichtet, zielt auf das eine oder andere hin. Eine „Arbeit" ist es thatsächlich, und die Leistungen der Pflanzen sind oft derart, daß sie die Arbeit manches Menschen beschämen.

In der harten Schale des Kirschkerns, z. B., ruht ein kleiner Keimling, aus dem der Kirschbaum hervorgeht. Willst du ihn aus seinem freiwilligen Gefängnis befreien, so mußt du eine ganz besondere Gewalt anwenden. Deine schwachen Finger genügen nicht, um diese kleine Arbeit, einen Kirsch= kern zu öffnen, zu leisten, aber am Ende deine Zähne? — Du wirst dich vielleicht auch vergebens bemühen. Es bleibt dir nichts anders übrig als fremde Hilfe herbeizuholen und einen schweren Hammer zu schwingen. Dann bringst du diese Arbeit zu stande.

Und nun der kleine schwache Keimling in dem Samen! Darf er es wagen, sich mit deinen stolzen Kräften zu messen? — Lege ihn in die Erde, laß Feuchtigkeit und Frühlingsluft auf ihn einwirken, und siehe da, mit Leichtigkeit sprengt er sein Gehäuse und tritt wie ein Held daraus hervor!

Da wird es wohl klar, daß hierbei eine Arbeit geleistet wird. Eine Arbeit, und zwar eine sehr bedeutungsvolle, ist es aber auch, wenn die Pflanze im Frühling ihre Blätter entfaltet, wenn sie Wasser durch die Wurzel aufzieht, Kohlensäure der Luft entnimmt, und wenn sie beides zu Stärke verarbeitet.

Arbeit verlangt aber Werkzeuge, Organe. Wollen wir eine Arbeit verrichten oder auch nur verstehen, so müssen wir die Werkzeuge, welche zu ihrer Verrichtung nötig sind, kennen und verstehen. Wir werden daher nun einen Blick auf die äußeren Organe der Pflanze werfen, dabei aber stets auf das Leben der Pflanze zurückgehen und den Anteil erforschen, den die verschiedenen Organe an der Gesamtlebensthätigkeit der Pflanze haben. Mit andern Worten: wir werden nach dem Zweck der Organe forschen, denn nur im Licht des Lebens selbst läßt sich ein Werkzeug des Lebens verstehen.

Einem Irrtum ist hier aber von vornherein zu begegnen. Des Naturforschers Hauptinteresse liegt darin, die Kausalität, d. h. Ursächlichkeit der Naturerscheinungen, aufzudecken; er wird also auch nach der Ursache fragen, derzufolge die Pflanzenorgane gerade diese ihnen eigentümliche Ausbildung erlangt haben. Diese Frage ist eine ganz andere als die nach dem Zweck eines Organs. Wenn wir also z. B. auch wissen, daß der Kork den Zweck hat, die Wasserverdunstung aus dem älteren Pflanzenstamm zu verhindern, so ist damit doch nicht die Ursache der Korkbildung erklärt. Darüber müssen wir uns stets klar bleiben, zumal da man heute gar zu gern sich mit der teleologischen (zwecksetzenden) Erklärungsweise begnügt und oft genug glaubt, damit eine ursächliche, kausale, Erklärung geliefert zu haben.

Die Organe der Pflanze nach deren Lebensaufgaben ein=
zuteilen, wie wir es bei den Tieren thun können, geht nicht
gut an, und zwar deshalb, weil die Organe der Pflanze nicht
wie die des Tieres einen einheitlichen Charakter haben, sondern
viel mehr als die des Tieres zu gleicher Zeit mehreren
Zwecken dienen; man müßte sie demnach vom physiologischen
Gesichtspunkt aus mehrmals behandeln. Wir wählen daher
zur Einteilung lieber einen rein morphologischen Gesichtspunkt.

Ein gutes Einteilungsprinzip wäre es, wenn man die
Achsenorgane den Anhangsorganen gegenüberstellte; gebräuch=
licher ist es aber, Wurzel und Sproß zu unterscheiden; diese
Einteilung wollen auch wir wählen. Der Sproß selbst kann
vegetativ sein, d. h. der Ernährung dienen, oder sexuell, d. h.
der Fortpflanzung dienen. An dem Sproß unterscheidet man
als wichtigste Anhangsgebilde die Blätter, so daß man auch
wohl von Wurzel, Sproßachse und Blatt als den drei Haupt=
organen reden kann.

Wir haben schon darauf hingewiesen, daß die Abgrenzung
der Organe in Bezug auf ihr Arbeitsfeld keine scharfe ist,
was sich auch darin offenbart, daß ein Organ imstande ist,
das eigene Arbeitsfeld unter Umständen vollständig zu ver=
lassen und anderen Zwecken zu dienen. Es sind dann immer
bestimmte äußere Verhältnisse, welche mitwirken. Jedenfalls
aber können wir für jedes Organ eine den normalen Ver=
hältnissen entsprechende Form auffinden, von der wir passender
Weise ausgehen und die wir als die typische (ständige)
Form bezeichnen wollen. Hat das Organ aber, durch irgend
welche äußere Verhältnisse veranlaßt, seine eigentliche Arbeit
aufgegeben, um eine andere zu leisten, so wollen wir eine
derartige Form metamorphosiert (umgestaltet) nennen. Bei
derartigen metamorphosierten Organen hat jedoch nicht etwa ein

Rückgang der Lebensthätigkeit stattgefunden. Liegt aber ein solchervor, so spricht man von rebuzierten (verkümmerten Formen. Endlich ift noch darauf hinzuweisen, daß die Pflanzen eine auffteigende Leiter der Vollkommenheit aufweisen und daß dabei naturgemäß auch die Organe einen niedrigeren und höheren Grad der Vollkommenheit erkennen laffen. Da man sich nun berechtigt glaubt, für die gesamte Lebewelt eine Entwicklung anzunehmen, so faßt man jene niederen Formen als zurückgebliebene, rubimentäre auf.

In seiner typischen Form besitzt das Blatt eine flache Spreite (und einen Stiel) mit einem grünen Blattgewebe und zahlreichen Gefäßbündelfträngen; ein derartiges Blatt dient der Ernährung und Wafferverdunftung. Es können aber Um= ftände eintreten, denen zufolge diese Aufgabe zurücktritt, ohne daß die Lebenssphäre der Pflanze selbst sich erniedrigt; dann können die Blätter ganz oder teilweise andere Arbeiten über= nehmen; so können zu Ranken metamorphofierte Blätter dazu beitragen, einen schwachen Stamm aufrecht zu halten. Als ein Niedergang des Lebens wird es aber betrachtet, wenn die Pflanze den Stand ihrer köftlichen Freiheit, der ihr die felbft= ftändige Ernährung mittelft Waffer und Kohlensäure erlaubt, verläßt, sich fklavisch anderen Wesen beigefellt und von deren Arbeitsertrag zehrt, d. h. wenn sie zum Schmarotzer wird; denn die Schmarotzer gewöhnen sich mehr und mehr an ein dolce far niente, und dies ift stets in der Natur mit einem Rückgang der gefamten Organisation verbunden. Derartige Schmarotzerpflanzen verlieren das anderen Pflanzen so koft= bare Blattgrün, und ihre Blätter schrumpfen mehr oder weniger zu kleinen Schuppen zusammen, denen man den stolzen Namen Blatt füglich nicht mehr geben kann. Das ift dann eine re= buzierte Form. Ift endlich das Blatt einer niedrigeren

Pflanze noch gar einfach gebaut, weil es seinem genügsamen Besitzer nur kleine, einfache Dienste zu leisten hat, wie z. B. beim Moos, wo es oft aus nur einer einfachen Zellfläche besteht, so nennt man es r u d i m e n t ä r.

Aus alle dem geht nun hervor, daß es oft mit Schwierig=keiten verbunden sein wird, aus der fertigen Gestalt eines Organs seine wahre Bedeutung abzulesen.   Da bietet sich nun ein gutes Hilfsmittel in der entwicklungsgeschichtlichen Methode dar.   Wie die Pflanze sich aus kleinem Anfang entwickelt, so auch jedes Organ an ihr.   Verfolgt man nun die Entwicklung eines fraglichen Organs, so erhält man oft bemerkenswerte Aufschlüsse, die das fertige Organ verweigert.   Da somit die Entwicklungsgeschichte zum Verständnis der Gestaltkunde (Morphologie) außerordentlich viel beiträgt, so wollen wir diese durch ein allgemeines Bild der Entwicklungsgeschichte einleiten.

2. Die Entwicklung der Pflanzenorgane.

Die ganze Pflanze, und wäre es auch der mächtigste Eichbaum, entsteht aus einer einzigen kleinen Zelle.   Durch vielfache Teilungen geht aus dieser Zelle ein Zellkörper her=vor und aus ihm durch Hervorwachsen bestimmter Partieen die Anlage der ersten Organe, die sich dann ihrerseits auf ähnliche Weise durch fortdauernde Teilung ihrer Zellen und dadurch bewirktes Wachstum weiterhin ausbilden und nach und nach die ihnen eigene Form erhalten.   Bei der Ent=faltung eines derartigen Organs ist dann gewöhnlich nur noch eine Streckung und Ausdehnung dessen, was vorhanden ist, nötig, um es zu vollenden.   Im Prinzip ist es nicht nur bei der ersten Anlage eines jungen Pflänzleins so, sondern auch bei der Entstehung neuer Pflanzteile an der schon er=wachsenen Pflanze.   Ihr Bildungsort ist unter normalen

Verhältnissen entweder der Gipfel der Pflanze und ihrer Seitenäste oder der Winkel des Blattes. Sie führen im allgemeinen den Namen „Knospe", besonders aber dann, wenn bei einer Unterbrechung der Vegetationsperiode das Leben sich hierhin gewissermaßen zum Schlummer zurückzieht, um beim Beginn der neuen Periode von hier aus wieder zu erwachen. Andererseits wächst auch die Pflanze an ihrem Gipfel mehr oder weniger andauernd fort, und zwar sowohl am Sproß als auch an der Wurzel.

Der äußerste Gipfel der Knospe, der sogenannte Vegetationskegel, ist eine gewölbte Kuppe von zarten, teilungsfähigen Zellen (Meristem), in welchen das geheimnisvolle Leben wie sonst an wenig Stellen des Pflanzenkörpers pulsiert. Hier entstehen die neuen Seitenorgane der Achse, also in erster Linie die Blätter als kleine Zellhöcker, Hervorwölbungen, die mehr und mehr Kapuzenform annehmen und dadurch den Vegetationskegel schützend umgeben. Je mehr man sich von dem Gipfel der Knospe entfernt, um so weiter ist die Ausbildung der Blätter vorgeschritten. Die ältesten dienen, durch mannigfache anderweitige Vorkehrungen unterstützt, schon wirksam zum Schutz der Knospe; daß diese, die ja die Hoffnung der ganzen Pflanze darstellt, eines Schutzes bedarf, liegt auf der Hand.

Das in der Erde fortwachsende Achsenende, also die Spitze der Wurzel, bietet ein wesentlich anderes Bild. Die Wurzelspitze bedarf nämlich eines ganz besonderen Schutzes, um nicht verletzt zu werden, wenn sie zwischen den Erdteilchen hindurchwachsend ihren Weg durch den Boden sucht. Die eigentliche Vegetationsspitze ist daher hier, wie der Finger vom Fingerhut, von einer Kappe, der sogenannten Wurzelhaube, umgeben,

deren Zellen sich ebenfalls von dem Vegetationskegel aus erneuern. Der zweite wesentliche Unterschied besteht darin, daß
sich an der Wurzel die Seitenorgane nicht durch Hervorwölben
oberflächlich gelegener Zellen und Zellenmassen bilden. Es
giebt ja natürlich auch Seitenwurzeln, allein diese entstehen
stets nicht oberflächlich, sondern im Innern an der Außenseite
des Gefäßbündelcylinders; sie müssen also die mehr oder
weniger mächtige Rinde der Wurzel erst durchbrechen.

3. Die Wurzel.

Wir betrachten als Wurzel dasjenige Organ oder
System von Organen, welches in die Unterlage (für gewöhnlich der Erdboden) hineinwächst und nicht nur die übrige Pflanze
darin festhält, sondern auch aus ihr den einen Teil der Nahrung, nämlich Wasser mit darin gelösten Nährsalzen, zieht.

Schon der Same besitzt ein „Würzelchen", d. h. ein
kleines Zäpfchen, das bei der Keimung zur Wurzel auswächst.
Es hat das sonderbare Bestreben, der Richtung der Schwerkraft folgend, senkrecht nach unten zu wachsen. Bald beginnt
es Seitenwurzeln zu treiben, die ihrerseits dasselbe thun, freilich
in mehr schiefer Richtung, so daß allgemach ein reiches Netz
von Wurzeln den Erdboden durchzieht. Selbstverständlich geschieht dies nach dem Bedürfnis der Pflanze; je größer und
schwerer diese wird, desto größer ist die Arbeit, welche die
Wurzel leisten muß, um die Pflanze, z. B. dem Zug des
Windes entgegen, im Boden festzuhalten. Bei Pflanzen mit
verholzendem oberirdischen Sproß findet gewöhnlich auch eine
Verholzung der unterirdischen Teile der stärksten Wurzeln statt.
Die Aufgabe derartiger Wurzeln besteht natürlich lediglich im
Festhalten der Pflanze im Boden und im Leiten des Wassers.
Manche Pflanzen erreichen diesen Zweck, indem sie e i n e

kräftige Hauptwurzel, die man dann **Pfahlwurzel** (Fig. 6, a) nennt, ohne bemerkenswerte Nebenwurzeln, tief in die Erde senden (z. B. die Möhre und andere Doldenpflanzen). Andere hingegen bilden ihre Hauptwurzel weniger stark aus und senden statt dessen von ihr aus allseitig kräftige Nebenwurzeln aus, durch welche sie festgehalten werden, ähnlich wie die Taue

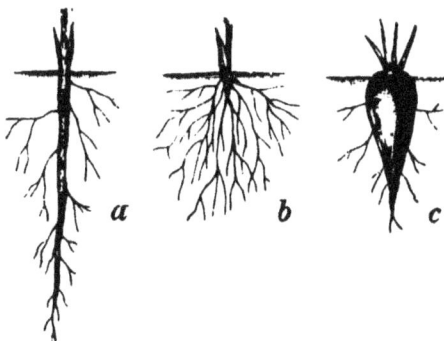

Fig. 6.
Wurzelformen.
a Pfahlwurzel, b Faserwurzel, c Rübenwurzel.

den Mast festhalten. Wird die Hauptwurzel sehr stark, so spricht man von rübenförmiger Wurzel (z. B. kultivierte Möhre, Fig. 6, c).

Es ist aber gar nicht selten, daß das Würzelchen des Samens sein Wachstum sehr bald einstellt; dann fehlt von vornherein eine Hauptwurzel, und an deren Stelle wachsen am Wurzelende büschelförmig Nebenwurzeln hervor, die nun die Arbeit der Hauptwurzel übernehmen. Man spricht in diesem Fall von **Faserwurzeln** (Fig. 6, b), z. B. bei den Gräsern.

Eine zweite Aufgabe der Wurzeln ist die, das Wasser aus dem Boden aufzusaugen. Zu dem Zweck besitzen sie **Saughaare**, d. h. lange, einzellige Schläuche, Ausstülpungen der Wurzelepidermis, welche in den Boden eindringen und mit den Bodenteilchen geradezu verwachsen, um die Feuchtigkeit des Bodens wirksamer aufsaugen zu können. Junge Wurzeln sind daher wie mit einem Pelz von Erde bedeckt, die an den Wurzelhaaren hängt. Diese Wurzelsaughaare stehen aber nicht überall an den Wurzeln, sondern nur in einer bestimmten Region hinter der fortwachsenden Spitze. In dem Maße als die Wurzelspitze weiterwächst, wachsen an ihr auch neue Wurzelhaare hervor und sterben die älteren von hinten her ab. Dadurch werden die wasseraufsaugenden Teile der Wurzeln immer weiter in die Erde hineingeschoben, kommen an immer neue Stellen des Bodens und können denselben besser ausnutzen. Die Menge der Blätter entspricht derjenigen der Wurzelhaare; denn je mehr die Laubblätter Wasser verdunsten, um so mehr muß wieder für Wasserauf= nahme gesorgt werden. Ebenso muß eine der aufgenommenen Kohlensäure entsprechende Menge von Wasser aufgenommen werden, damit beide für die Ernährung verwendet werden können.

Das Gesagte steht im engen Zusammenhang mit jener Eigenschaft der Wurzeln, welche man als Geotropismus, Streben nach der Erde hin, bezeichnet. Die Hauptwurzel hat nämlich das Bestreben, senkrecht in die Erde zu wachsen, ein Bestreben, das die Wurzel eben befähigt, in ihre Unter= lage einzudringen, und das man auf verschiedene Reizwir= kungen zurückzuführen hat. Die Schwerkraft zieht die Wurzel nach unten, das Licht treibt sie von sich fort, und obendrein zieht Feuchtigkeit sie an. Etwas anders wirken diese Reize auf die Seitenwurzeln, insofern diese nicht senkrecht, sondern unter einem Winkel von der Hauptwurzel ab wachsen.

Die Metamorphose, welche die typische Wurzel er= fahren kann, ist keine sehr weitgehende. Es läßt sich denken, daß sie dann besonders eintreten wird, wenn die Umgebung der Wurzel eine veränderte ist. Es giebt an vielen Pflanzen Luftwurzeln, welche zunächst den Zweck haben, die Pflanze zu stützen, sei es dadurch, daß sie sich der Unterlage eng anschmiegen und sich an ihr festsaugen (Epheu), oder daß sie von größerer Höhe zum Erdboden herabwachsen und, wenn sie diesen erreicht haben, als Stützen dienen (Pandanen, Mangrovebaum). Andere Luftwurzeln wachsen, entgegen der Sitte ihrer Schwestern, statt in die Erde aus ihr heraus in die Luft hinein. Sie dienen als Atmungsorgane, welche für die Pflanzen Luft schöpfen. Auch dieses merkwürdige Verhalten findet man an einigen Pflanzen der Mangrovevegetation.

Bei manchen Palmen sind die Seitenwurzeln zu Schutz= organen geworden, indem sie sich in Dornen umwandelten.

Am merkwürdigsten ist es aber doch, daß es Pflanzen giebt, bei denen die Wurzeln geradezu die Arbeit der Blätter übernehmen, indem sie bandförmig glatt sind, reichlich Blattgrün enthalten und dem entsprechend die eigentliche Ernährung besorgen.

Wasserpflanzen zeigen oft eine starke Metamorphose der Wurzel. Das ganze Wurzelsystem kann ja hier naturgemäß vereinfacht sein; ja manchmal ist es auf nur eine einzige Wurzel beschränkt, wie bei der allbekannten Teichlinse. Bei einer Pflanze, Jussieua, wandelt sich ein Teil der Wurzeln in Schwimmorgane um, indem sie ein schwammiges, an Luft reiches Gewebe aufweisen, was die Pflanze leichter macht und im Wasser emporhebt.

Die reduzierten Wurzeln der Schmarotzer haben zwar dieselbe Doppelaufgabe wie diejenigen der selbständigen Pflanzen, allein sie weisen doch eine gänzlich veränderte Form auf, weil sie diese Aufgabe auf einer ganz anders gearteten Unterlage zu erledigen haben. Es sind gewöhnlich kurze, senkerförmige Fortsätze, welche in den Körper des Wirts ein= bringen, die Pflanze hier festhalten und gleichzeitig die Säfte des Wirts aufsaugen, wie man das z. B. deutlich an der überall vorkommenden Mistel sieht, wenn man das Stück, welches der Wirtpflanze aufsitzt, genauer untersucht. Bei andern Schmarotzern geht die Reduktion noch weiter, ja schließlich ist die ganze Wurzel nur eine Saugscheibe. Man nennt derartige Saugorgane **Haustorien**.

Die niedrigeren Pflanzen haben auch einfachere **rudimentäre** Wurzeln, gewöhnlich Wurzelhaare, die der Oberhaut des Vegetationskörpers unmittelbar entspringen, die aber nach Zweck und Arbeit ganz den Wurzeln der höheren Pflanzen entsprechen (so die Moose und Flechten). Es kann übrigens, wie bei Schimmelpilzen, vorkommen, daß hierbei die reiche Verzweigung des Wurzelsystems höherer Pflanzen von einer einzelnen Zelle geradezu nachgeahmt wird.

4. Die Sproßachse (Stengel, Stamm).

Wir verstehen unter Sproß denjenigen Teil der Pflanze, welcher sich über die Unterlage erhebt und Blätter und Blüten trägt. Es ist angebracht, die Achse, die Blätter und Blüten für sich gesondert zu betrachten.

Die Aufgabe der typischen Achse prägt sich namentlich im inneren Bau derselben aus. Als Träger anderer Organe hat sie das Bestreben, sich und jene Anhangsorgane aufrecht zu halten, muß also unbedingt den mechanischen Gesetzen der Säulenfestigkeit und der Biegungsfestigkeit entsprechend gebaut sein (s. auch oben).

a) Baumechanik der Achse.

Das Prinzip eines Baumeisters ist bekanntlich, mit möglichst wenig Material möglichst viel zu erreichen. Bei ihrem Aufbau verfährt die Pflanze ebenso. Die Zellen, welche zur Herstellung des mechanischen Baugerüstes benützt werden, sind die Bastfasern, die Holzfasern und das Kollenchym. Um

in der Bautechnik einen Tragebalken biegungsfest zu machen,
wird er an der Peripherie mit starken „Gurtungen" versehen;
alles andere hat als Füllung mechanisch wenig Bedeutung.
Den aus Gurtungen und Füllung gebildeten Balken nennt
man einen Träger. Solche Träger finden wir nun auch in
der Sproßachse der Pflanzen und, da die Pflanze doch allseitig
biegungsfest sein soll, müssen die Träger der Sproßachse auch
allseitig, d. h. im Kreis, verteilt sein. Je zwei durch einen
Querschnittsdurchmesser verbundene Gurtungen, d. h. Bast=
faserbündel, stellen einen Träger dar. Die Füllungen werden
von den anderen Teilen der Gefäßbündel und von dem Grund=
gewebe gebildet. So bilden z. B. in Fig. 5a je zwei gegenüber=
liegende Bündel einen Träger. In manchen Fällen erfahren dann
derartige einfache, im Kreis gestellte Träger noch Verstärkungen
durch mechanische Elemente, seien es Bündel von isolierten Bast=
fasern oder von Kollenchym. In einem andern Fall schließen sich
die einfachen Träger seitlich zu einer cylindrischen Röhre zu=
sammen, an die sich dann die Leitbündel innen oder außen
anlegen. Auch hier können Verstärkungen eintreten, die oft
die cylindrische Baströhre direkt mit der Epidermis verbinden.

Ein dritter Haupttypus entsteht, wenn die einzelnen
Gefäßbündel für sich (nicht zwei sich auf einem Durchmesser
gegenüberliegende Bündel) Träger darstellen, indem sie auf
beiden Seiten Gurtungen besitzen; es kommt das besonders
bei den Monokotylen vor. Oft finden sich dabei mehrere
Kreise von konzentrischen Trägern. Zuweilen erfahren sie
eine besondere Verstärkung durch eine cylindrische Röhre.

Hüten, wir uns indes, lediglich den besprochenen Bau=
verhältnissen mechanische Bedeutung zuzusprechen. Wenn man
einer sonst aufrechtstehenden krautigen Pflanze die Oberhaut
abzieht, so verliert sie bedeutend an Biegungsfestigkeit. und

wenn man sie unverletzt aus dem Boden nimmt und auch nur kurze Zeit an der Luft liegen läßt, so wird sie, wie man sagt, welk, d. h. nichts anderes als, sie verliert ihre Biegungs= festigkeit und erschlafft in ihren Geweben. Daraus geht un= zweifelhaft hervor, daß die Biegungsfestigkeit das Produkt mehrerer Faktoren ist: es kommt zu der inneren Baumechanik der Sproßachse noch hinzu die Spannung, welche von der elastischen Oberhaut ausgeübt wird und die Spannung der mit Wasser gefüllten Zellen (Turgor).

Im Vorstehenden ist jedoch nur der einen Aufgabe ge= dacht, welche die Sproßachse zu erfüllen hat, nämlich die Pflanze aufrecht zu erhalten. Daneben soll sie auch für die Zuleitung der Nährstoffe und die Ableitung der Baustoffe Leitungsbahnen herstellen. Wir wissen schon, daß hierfür wiederum die Gefäßbündel von besonderer Bedeutung sind, weshalb man ihnen auch den passenden, wenn auch etwas einseitigen Namen Leitbündel erteilt hat. Es ist ja schon darauf hingewiesen worden, daß dieselben allerhand Zellen und Röhren enthalten, welche wässerige und eiweißartige Stoffe leiten.

b) Ausbildung der Achse nach der Lebensdauer.

Die Sproßachse hat in der ersten Lebenszeit der jungen Pflanze stets einen krautigen Charakter. Bei kurzlebigen Arten behält sie diesen auch stets bei, ebenso oft bei solchen, welche mit ihren oberirdischen Teilen bei Abschluß der Vege= tationsperiode absterben. Bei solchen Pflanzen hingegen, welche eine längere Lebensdauer haben, nimmt die Achse, um den Winter überstehen zu können, eine holzige Beschaffenheit an, die wiederum mit den oben berührten anatomischen Ver= änderungen zusammenhängt und sich äußerlich in Kork= und Borkenbildungen offenbart.

Man ist gewohnt, nach der mit der Lebensdauer zu-
sammenhängenden Beschaffenheit der Sproßachsen die Pflanzen
als Kräuter, Stauden und Holzpflanzen zu bezeichnen. Die Kräuter sind einjährig, wenn sie ihr Leben
in einer Vegetationsperiode abspielen, zweijährig, wenn ein
Teil des Sprosses samt den Wurzeln den Winter überdauert
und im nächsten Jahr erst das Leben beschließt. Unter
Stauden versteht man hingegen mehrjährige Pflanzen, welche
mit unterirdischen Organen überwintern, ihre oberirdischen,
krautigen Teile jedoch im Winter abwerfen. Bleiben die oberirdischen Teile auch während des Winters, so sind sie gewöhnlich holzig, und man nennt die Pflanzen dann Holzpflanzen. Behalten sie ihr Laub jahraus jahrein, so sind
sie immergrün; verlieren sie es im Herbst, so heißen sie
sommergrün (laubwechselnd).

c) Gliederung und Verzweigung der Achse.

Die Sproßachse trägt die Blätter, an deren Ansatzstellen
sie mehr oder weniger zu einem Knoten verdickt ist. Von
ihm aus zweigen in die Blätter gewisse Gefäßbündel ab, um
dieselben mit den Hauptleitungsbahnen der Achse in Verbindung
zu setzen. Durch diese Knoten wird die Sproßachse in einzelne Abschnitte geteilt, die man Internodien nennt. Die
Blattachsel ist, abgesehen von der fortwachsenden Endknospe,
der Ort der Neubildung am Sproß. Hier in der Blattachsel
entstehen Knospen und aus ihnen Seitenachsen höherer Ordnung, wodurch die Verzweigung eingeleitet wird.

Die normalen Seitensprosse sind stets an die Achsel eines
Blattes gebunden. Es giebt aber auch sog. Adventivsprosse,
welche überall an der Pflanze auftreten können. So entstehen
z. B. am Stamm der Pappeln und Weiden derartige Adventiv-

sprosse, wenn sie der Krone beraubt sind; das in dem Stamm noch vorhandene Uebermaß von Kraft treibt dieselben gewisser= maßen zur Erneuerung; da aber der Ort ihrer gesetzmäßigen Entstehung, d. h. die Blattachsel, nicht mehr vorhanden ist, so suchen sie einen Weg, wo sie ihn finden. Oft entstehen solche Adventivsprosse übrigens aus sog. schlafenden Knospen (s. unten). Auch die Blattstecklinge der Begonien sind nichts andres als derartige Adventivsprosse. Bemerkenswert sind auch die sogenannten „reparativen Wurzelsprosse,“ welche beim Löwenzahn, Gänsefingerkraut u. a. an den Wurzeln entstehen, wenn die oberirdischen Teile gewaltsam zerstört worden sind.

Die Verzweigungsverhältnisse sind äußerst mannigfach; wir können hier demnach nur allgemeine Richtlinien der dabei wirksamen Gesetze aufstellen. Es handelt sich dabei um das Verhältnis der Ausbildung von Haupt= und Nebenachsen. In dieser Beziehung kann zunächst eine grundsätzliche Verschieden= heit darin beruhen, daß die Hauptachse entweder an ihrem Ende ihr Wachstum einstellt, so daß Nebenachsen an ihre Stelle treten, oder daß sie weiter wächst und die Nebenachsen hinter ihr im Wachstum zurückbleiben. Im ersten Falle ist die Verzweigung eine Dichotomie (Gabelung), im zweiten ein Monopodium. Das Monopodium nennt man racemös, wenn die Nebensprosse in ihrer Entwicklung stets hinter ihrem jedesmaligen Hauptsproß zurückbleiben, so daß dieser sofort erkenntlich ist; dagegen heißt es cymös, wenn die Neben= sprosse ihre Hauptsprosse, sowohl was Entwicklung als Ver= zweigung anbelangt, bald überholen.

Die Verzweigungsverhältnisse treten mit besonderer Deut= lichkeit und Mannigfaltigkeit in den Achsen der Blütenregion, d. h. in den sog. Blütenständen, auf (Fig. 7). Racemöse Verzweigungen sind hier wieder entweder ährenartig, wenn die Seitenachsen, ohne sich zu verzweigen, sofort Blüten tragen, oder **rispenartig**, wenn die Seitenachsen sich weiter ver= zweigen. Wenn bei der ährenartigen Verzweigung die Haupt= achse verlängert ist und die Blüten ohne Stil sitzen, so spricht man von einer Aehre (Wegerich); sind die Blüten langgestielt, so ist es eine Traube (Reseda). Sind bei ährenartiger Verzweigung und kurzer Hauptachse die Blüten ungestielt, so ist der Blütenstand ein Köpfchen (Klee) oder Körbchen (Kamille), dagegen eine Dolde (Schirling), wenn er unter denselben Verhältnissen lang= gestielte Blüten besitzt. Auch die rispenartige Verzweigung läßt mancherlei Abänderungen zu.

Bei der cymösen Verzweigung der Blütenstandachsen richtet sich die Ver= schiedenheit nach der Zahl der unter der Endblüte, die den Hauptsproß darstellt, entstehenden Seiten= blüten. Ist es nur einer, so entsteht eine Scheinachse; wenn sich die Seitensprosse nur nach einer Seite entwickeln, so nennt man den Blütenstand Schraubel (Ver= gißmeinnicht); wenn sie sich abwechselnd nach zwei Seiten ent=

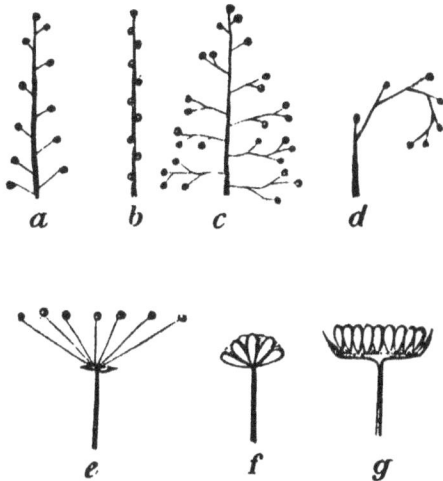

Fig. 7.
Schemata der Blütenstände.
a Traube, b Aehre, c Rispe. d Schraubel, e Dolde,
f Köpfchen, g Körbchen.

wickeln, so ist der Blütenstand ein Wickel (Johanniskraut).

Wenn mehrere gleichartige Seitensprosse vorhanden sind, so kann man von einer Scheinachse nicht reden; sind diese Seiten= sprosse nach Zahl und Länge unbestimmt, so ist es eine Spirre (Binse); sind dagegen die an Zahl geringen Seiten= sprosse gleich lang, so ist es eine cymöse Dolde (Wolfs= milch); sind es endlich nur zwei, so ist es ein Dichasium (Nelke).

d) Der Knospenstamm.

Der jugendliche Sproß des Keimpflänzchens hat eine sehr gekürzte Achse, welche einerseits direkt in das Würzelchen übergeht, andererseits zwei besondere Blätter, die Keim= blätter, und zwischen diesen ein kleines Knöspchen trägt, die sogenannte Plumula. Diese erste Sproßachse der Pflanze heißt das hypokotyle Stengelglied. Durch seine Streckung wird die junge Keimpflanze aus der Samenhülle herausgeschoben und das erste Blattpaar dem Licht entgegen= getragen. Dieser Vorgang, die Keimung, zeigt mannigfache Verschiedenheiten.

Die andere Jugendform der Sprosse, nämlich der Seiten= achsen, ist die Knospe. Auch sie ist eine stark verkürzte Achse, aber es sitzen an ihr zahlreiche Blätter, welche, je weiter nach innen, desto unausgebildeter und mannigfach gefaltet sind. Nach außen wird dies ganze Gebilde von besonderen Blättern umhüllt, deren wir später noch gedenken werden. Die Knospen sind Organe, welche die Pflanze nach einer Unterbrechung der Vegetation, wie sie in Wüsten und Steppen durch Trockenheit und bei uns durch Kälte hervorgerufen wird, erneuern sollen, und daher auch eine Eigentümlichkeit der betreffenden Klimate.

Es sei hier noch zweier andern Knospenarten gedacht, nämlich der Brutknospen mancher Pflanzen, welche sich von dem Muttersproß loslösen und eine neue Pflanze bilden, und

ferner der sog. schlafenden Knospen. Dieselben ent=
stehen wie andere normale Knospen in den Achseln der Blätter;
allein sie verschwinden, indem sie nicht zur Entwicklung kommen
und von der Rinde des Baumes überwallt werden. Sie
behalten aber doch noch als eine verborgene Reserve ihre Ent=
wicklungsfähigkeit, und wenn einmal die Krone des betreffen=
den Baumes fortgenommen wird, so daß der Baum alle seine
normal angelegten Knospen verliert, so brechen sie, die Schläfer,
aus der Verborgenheit hervor und suchen noch einmal die
Existenz des Baumes zu retten. Es liegt auf der Hand,
daß diese aus „schlafenden Knospen" hervorgegangenen Sprosse
oft mit Adventivsprossen verwechselt werden können.

5. Das Blatt.

a) Teile des Blattes.

Das Blatt ist das
wesentlichste Organ der
Sproßachse, da es als
wichtiges Ernährungsor=
gan zur Erhaltung des
Individuums dient, was
nun doch einmal bei dem
berechtigten Egoismus in
der Natur die Hauptsache
ist. Das Blatt hat seiner
Bedeutung als Ernäh=
rungsorgan zufolge einen
hierauf eingerichteten ana=
tomischen Bau, dessen
wir oben schon zur Ge=
nüge gedachten. Aeußer=
lich zeigt es drei Haupt=

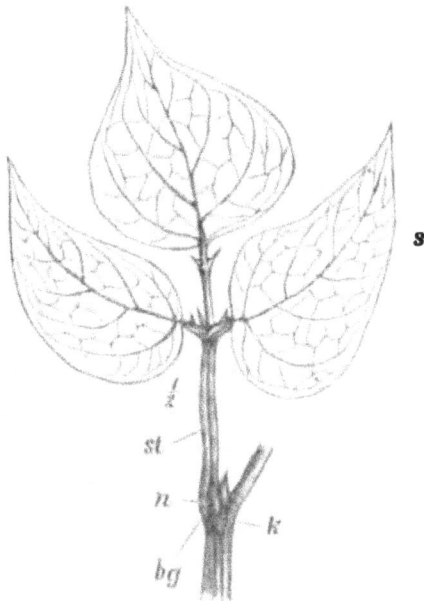

Fig. 8.
Phaseolus multiflorus, Bohne,
Blatt, ¹/₃.
s Spreite (dreiteilig), st Blattstiel, bg Blattgrund, n Nebenblätter, k Knoten der Achse.

teile: den Blattgrund, d. h. den Teil, mit welchem es an der Sproßachse sitzt, den Blattstiel und die Spreite (Fig. 8). Zu dem Blattgrund gehören die sogenannten Nebenblatt=bildungen, d. h. gesonderte, blattartige Bildungen, die neben dem Blattstiel auftreten. Wenn der ganze Blattgrund eine den Stengel umfassende Erweiterung erfährt, so nennt man dies eine Scheide; sie dient zum Schutz der Knospen oder, wie bei den Gräsern, zum Schutz und Aufrechterhalten eines schwachen Stengels. Mehr blattartige Gebilde des

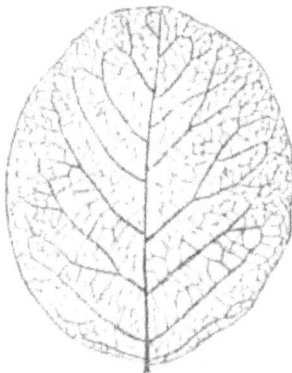

Fig 9.
Blatt von Symphoricar-
pus racemosus, Schneebeere.

Fig. 10.
Blatt von Viburnum
spec, Schneeball.

Blattgrundes heißen Nebenblätter (Stipulae). Sie können, wie beim Stiefmütterchen und bei der Erbse, eine größere Ausdehnung gewinnen, ja sogar die fehlende Blattspreite wirk=sam vertreten; andererseits können sie zum Schutz der Knospe dienen und daher nach deren Entfaltung abfallen, oder endlich können sie überhaupt ganz fehlen.

Der Blattstiel soll das Blatt tragen und es in die

günstige Lage, d. h. in Licht und Luft befördern; seine Aus=
bildung hängt daher ganz besonders von den Umständen ab.
Er ist kurz, wenn die Blätter auch ohne ihn Licht und Luft
genug bekommen, lang, wenn die Pflanze in einem dichten
Gewirr von ihresgleichen und anderen Bürgern des Pflanzen=
staates lebt, so daß jedes Blatt sich anstrengen muß, damit es
zu seinem Rechte kommt. Er kann einen verschiedenartigen
Querschnitt besitzen. Hat er auf der Oberseite eine Furche,

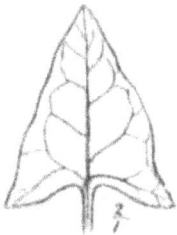

Fig. 11.
Blatt von Atri-
plex latifolia

Fig. 12.
Blatt von Nereum
Oleander.

Fig. 13.
Blatt von Con-
vallaria majalis
Maiblume.

so ist dies gewissermaßen die Dachrinne, welche den Regen
von der Blattfläche aus zum Stengel und an diesem hinunter
zur Erde leitet. Vorkehrungen am Stengel wie Rinnen,
Haarleisten, flügelartige Vorsprünge und Leisten unterstützen
diese Arbeit des Blattstiels.

Die Blattfläche oder Spreite (Lamina) besteht
aus einem grünen Flächengewebe, das von einem reichen Netz
von Gefäßbündeln durchzogen ist, s. unten. Die Blattform
ist einer großen Mannigfaltigkeit unterworfen. Da sprechen

wir von runden (Fig. 9), eiförmigen (Fig. 14), elliptiſchen
(Fig. 10), herzförmigen (Fig. 15), nierenförmigen, pfeil= und
ſpießförmigen, breieckigen (Fig. 11), lanzettlichen (Fig. 12) und
linealen Blättern. Vollſtändig einfach und ungeteilt iſt die
Blattfläche ſelten, ſie zeigt zum wenigſten einige Einſchnitte
am Rand. Sind hierbei Zähne und Einſchnitte ſpitz, ſo heißt
der Rand geſägt (Roſe) (Fig. 18 und 15); ſind die Zähne

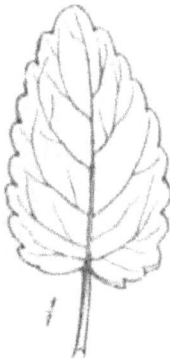

Fig. 14.
Blatt von Mercurialis
annua, Bingelkraut.

Fig. 15.
Blatt von Vitis vulpina,
Fuchswein.

ſpitz, die Einſchnitte abgerundet, ſo iſt das Blatt gezähnt
(Löwenzahn Fig. 17); gekerbt (Gundelrebe Fig. 14) nennt
man es, wenn die Zähne abgerundet, die Einſchnitte dagegen
ſpitz ſind; buchtig endlich, wenn beide abgerundet ſind (Eiche).
Gehen die Einſchnitte tiefer, ſo wird das ſonſt ganze Blatt
lappig (Fig. 16) oder ſpaltig (Fig. 17) geteilt genannt, je
nachdem die Teilung geringer oder größer iſt. Entweder
gehen dann die Teile von einer Stelle aus wie die Finger

von der Hand: fingerförmige Teilung (Fig. 17; die hier dar=
gestellte Art der Teilung wird speziell fußförmig genannt);
oder die Teile liegen seitlich an einer Hauptspindel, so wie
die Fasern der Feder an ihrer Spule sitzen: fiederförmige
Teilung.

Gehen die Einschnitte nun noch weiter, so daß sie selbst=
ständige Abschnitte bilden, so
heißt das Blatt zusammengesetzt,
wobei man wieder das gefingerte
Blatt von dem gefiederten (Fig. 17
u. 18) unterscheidet. Die Zusam=
mensetzung kann sich mehrfach
wiederholen (doppelt=, dreifach=
u. s. w. gefiederte Blätter).

Man könnte nach dem
Zweck dieser Verschiedenheit in
der Blattbildung fragen. Wir
sind uns aber darüber noch
nicht klar genug. Ein ein=
faches Blatt ist, zumal wenn es

Fig. 16.
Blatt von Mina lobata. [1]

sonst nicht genügend dagegen geschützt ist, dem Zerreißen durch
allerhand mechanische Einflüsse, wie Wind, Hagel und Regen,
stark ausgesetzt. Man wäre fast versucht, bei einem zusammen=
gesetzten Blatt zu sagen: die Natur habe hier das Zerreißen
gesetzmäßig selbst besorgt, um dem unregelmäßigen Zerreißen
durch äußere Einflüsse vorzubeugen.

b) Die Nervatur des Blattes

verfolgt einen doppelten Zweck. Sie stellt einmal die für das
Blatt nötigen Leitungsbahnen her, und ferner bildet sie ein
festes Gerüst, welches die Blattfläche ausgebreitet dem Licht

entgegenhält. Dem zweiten Zweck dienen vornehmlich die stärkeren Stränge; zwischen denselben findet sich aber ein äußerst feines Netz dünner Adern, die man oft erst bei durch= scheinendem Licht sieht und die das Ernährungsgewebe derartig durchziehen, daß von ihm aus die Baustoffe allseitig auf dem kürzesten Weg in die Hauptverkehrswege des Pflanzenkörpers gelangen können.

Die Anordnung der Adern ist wiederum ein Gebiet von außerordentlicher Mannigfaltigkeit. Ihre Haupttypen ent= sprechen denen der Blatteilung. Richtiger wäre freilich, es

Fig. 17.
Blatt von Cyclanthera pedata.

Fig. 18.
Blatt von Rosa canina.
st Stengel, n Nebenblätter.

umgekehrt zu sagen; denn offenbar richtet sich die Blatt= teilung nach der Nervatur. Das Blatt hat entweder einen (Schneebeere Fig. 9) oder mehrere Hauptstränge (Mai= blume Fig. 13). Durchzieht ein Hauptstrang das Blatt und zweigen sich von ihm die Seitenstränge ab, so ist das Blatt fiedernervig (Fig. 9—15); sondern sich dagegen die Seitenstränge sogleich an der Spreitenbasis

vom Hauptstrang ab, so daß sie von vornherein ziemlich ge=
sondert bleiben, so ist das Blatt strahlen= oder hand=
nervig (Fig. 16 und 17). Für den ersten Fall bietet das
Blatt des Schneeballs, für den zweiten der Ahorn ein deut=
liches Beispiel. Bei beiden Typen sind wieder nach dem
Verlauf der Seitenstränge vier Formen bemerkenswert: gehen
diese Stränge am Blattrand in ein Netz feiner Adern über,
so nennt man die Nervatur netzläufig (Schneebeere Fig. 9);
enden sie dagegen in den Zähnen oder Einschnitten des Randes,
so ist sie randläufig (Wein Fig. 15); wenden sie sich in
einem Bogen zur Spitze hin, bogenläufig (Schneeball
Fig. 10); legen sie sich an die folgende Ader an, so daß eine
Schlinge entsteht, schlingenläufig (Kirsche, Melde Fig. 11).
Mehrere Hauptstränge finden sich besonders im Blatt
der Monokotyledonen, wie z. B. der Gräser, Lilien und Mai=
blumen (Fig. 11), aber auch bei manchen Dikotyledonen,
wie beim Wegerich. Nach dem Verlauf der Adern unter=
scheidet man leichtverständlich spitz=, krumm= und parallel=
läufige Nervatur.
Eine Untersuchung und Darstellung der Nervatur gehört
zu jenen Gebieten, die sich für den Laien besonders eignen
und ihm viel Befriedigung gewähren. Abgesehen von dem
einfachen Pressen der Blätter sei die Darstellung des Ader=
netzes in schwach mazerierten Blättern (man läßt sie eine Zeit
lang im Wasser liegen und trocknet sie dann ab) durch Aus=
klopfen mittelst einer Bürste, die photographische Darstellung
und der Naturselbstdruck erwähnt. Bei der photographischen
Darstellung legt man das Blatt auf das bekannte lichtempfind=
liche Papier, spannt beide in einen Kopierrahmen und setzt
denselben der Sonne aus, bis das Bild des Blattes etwas
dunkler als gewünscht hervortritt; sodann wird das Papier

in einem sogenannten Tonfixierbad fixiert und getont, endlich
ausgewaschen und getrocknet. Das Naturdruckverfahren besteht
darin, daß man das Blatt mit seiner Unterseite auf fein ver=
riebene Oelfarbe legt und dann als Klischee auf weißem Papier
zum Drucken benutzt.

Die Bedeutung der Nervatur für die wissenschaftliche
Botanik leuchtet vor allem ein, wenn man bedenkt, daß die
Verteilung der Gefäßbündel im Blatt eine ganz auffallende
Beständigkeit zeigt, so daß man also aus den Abbrücken der
Blätter aus früheren Zeitaltern der Erdgeschichte auf die
systematische Stellung der betreffenden Pflanzen schließen kann.

c) Die Stellung der Blätter an der Sproßachse

ist entweder eine spiralige oder eine bilaterale (zweiseitige).
Im ersten Fall erhalten wir, wenn wir die Ansatzstellen der
Blätter verbinden, eine um die Achse fortlaufende Spirallinie,
im zweiten Fall stehen die Blätter der Art, daß man an der
Achse eine Rücken= und Bauchseite unterscheiden kann. Diese
beiden Formen finden wir übrigens auch sonst im Aufbau
der lebenden Wesen. Die Blüte der Seerose ist spiralig
gebaut, jedes Blatt ist bilateral; denn es hat eine Rücken=
und Bauchseite (Ober= und Unterseite), sowie eine rechte und
linke Seite. Bilaterale Anordnung der Blätter an der Achse
tritt besonders an Pflanzen auf, die mit ihrer Achse auf der
Unterlage hinkriechen. Die spiralige Anordnung der Blätter
hat zur Aufstellung eines mehr oder weniger feststehenden
Gesetzes geführt (Schimper und Braun). Die seitliche Ent=
fernung zweier aufeinander folgenden Blätter (d. h. eigentlich
ihre Horizontalprojektion), die sogenannte Divergenz, ist ein
Bruchteil des Umfangs der Achse, und zwar ihrem Wert nach
konstant; daher stehen die Blätter am Stengel in Reihen

übereinander (in sogenannten Orthostichen). Auch ist die Zahl der Blätter, welche zwischen zwei in derselben Höhe aufeinander folgenden Blättern stehen, eine bestimmte. Man bestreitet jedoch heute die absolute Geltung derartiger Gesetze. Mag dem sein, wie ihm wolle, jedenfalls hat auch die Blattstellung wieder ihre ganz bestimmten Zwecke. Durch die gesetzmäßige Anordnung der Blätter wird bewirkt, daß keines dem anderen im Wege steht, daß vielmehr jedes sein Bedürfnis nach Luft und Licht befriedigen kann. Beachtet man die Blattanordnung an einem Baum oder Strauch, so merkt man, daß sich that=sächlich die Blätter nicht gegenseitig hindern, daß sich das Licht auf alle Teile der Pflanze gleichmäßig verteilt.

d) Die Metamorphosenstufen des Blattes.

Wenn wir die Reihenfolge der Blattbildungen überblicken, welche sich sowohl im Leben der einzelnen Pflanze, als auch an der fertigen Pflanze, von unten nach oben betrachtet, vor=finden, so sehen wir eine Stufenfolge von Blattbildungen, nämlich:

1. Keimblätter. 2. Niederblätter. 3. Laub=blätter. 4. Hochblätter. 5. Blütenblätter.

Wir haben schon gesehen, daß sich an den jungen Keim=pflänzchen einige Blätter befinden, die man Keimlappen oder Kotyledonen nennt. Entweder finden sie sich in der Einzahl (Monokotyledonen) oder in der Zweizahl (Dikotyle=donen), selten in noch größerer Zahl (Nadelhölzer). Sie sind entweder dick und fleischig (Bohne) oder dünn, blattartig (Buche). Entweder bleiben sie, wenn der Keimling seine Hülle verläßt und aus der Erde hervortritt, in der Erde zurück (Erbse), oder sie erheben sich auch über dieselbe empor (Bohne). Sie haben gewöhnlich eine vom Laubblatt ab=

weichende Form (z. B. fehlt faſt ſtets der Stiel), können ſich ihm aber auch nähern. Ihre Bedeutung iſt eine ebenſo ein= fache wie großartige.

Das zarte Keimpflänzchen iſt gleich dem jungen Vogel (Neſthocker) ein gar hilfloſes Weſen; es beſitzt noch keine grünen Blätter und iſt daher nicht imſtande, ſich ſelbſt zu ernähren. Da giebt ihm nun die Mutterpflanze etwas mit, was ihm in der erſten Zeit als Nahrung dienen kann, bis ſeine kleinen Laubblättchen hinreichend erſtarkt ſind, um ſich ſelbſtändig zu ernähren. Das ſind die dicken, fleiſchigen Samenlappen, die in ihrem Zellengewebe reichlich S t ä r k e m e h l enthalten, von dem die junge Pflanze zehren kann; daher ſind derartige Samen, wie Bohne und Erbſe, auch für den Menſchen wichtige Nahrungsmittel. Sind die Samenlappen mehr blatt= artig, ſo gehen ſie aus der Erde hervor, ergrünen und arbeiten nun ſchon, bis die eigentlichen Laubblätter an ihre Stelle treten (Buche). Bei anderen Pflanzen enthält der Same ein beſonders Nährgewebe (Sameneiweiß). Die Rolle der Samen= lappen iſt dann oft eine ganz veränderte, indem ſie als Organe dienen, mit denen das Stärkemehl u. ſ. w. aufgeſaugt wird (Gräſer und Palmen).

Die N i e d e r b l ä t t e r ſind entweder Blattgebilde, welche an unterirdiſchen Sproßachſen ſitzen (von ihnen wird weiter unten die Rede ſein), oder ſie leiten oberirdiſch einen neuen Sproß ein, d. h. ſie dienen der Knoſpe als Schutz und haben dann die Form einfacher Schuppen. Nichtsdeſtoweniger iſt ihr grundſätzlicher Zuſammenhang mit den gewöhnlichen Laub= blättern ein ganz deutlicher, wie man aus der Entwicklungs= geſchichte erkennt. Die Blattanlage, das ſogenannte P r i = m o r d i a l b l a t t, beſteht nämlich aus Blattgrund und Ober= blatt; aus jenem entſtehen die Blattgrund=(Nebenblatt=)Bil=

dungen, aus diesem die Blattspreite und, wenn vorhanden,
der Blattstiel. Die Anlage der Niederblätter ist nun der
des Laubblattes ganz gleich; die spätere Verschiedenheit be=
ruht nur darauf, daß das Oberblatt sich nicht weiter ent=
wickelt und nur der Blattgrund sich ausbildet, was dann
aber auch nicht über die Bildung schuppenartiger Blätter
hinausgeht. Die Niederblätter sind daher nichts anderes als
in ihrer Entwicklung gehemmte Blätter typischer Art. Daß
dies thatsächlich der Fall ist, geht daraus hervor, daß man
oft an der Spitze der ausgebildeten Niederblätter kleine, redu=
zierte Blattspreiten findet, welche man unter Umständen sogar
zur Weiterentwicklung zwingen kann.

Die Laubblätter sind oben schon gekennzeichnet. Hier
sei nur noch hinzugefügt, daß die Ausbildung derselben an
der Pflanze von unten nach oben eine verschiedenartige sein
kann. Nicht immer haben die ersten Blätter nach den Keim=
blättern die für jede Pflanzenart kennzeichnende Form, was
sich besonders bei Pflanzen mit zusammengesetzten Blättern
zeigt. Dieselben sind dann gewöhnlich zuerst einfach und er=
reichen erst allmählich jene typische Gestalt (Primärblätter).
Es ist dies der einfachste Fall der sogenannten Hetero=
phyllie (Wechsel der Blattform). Der Fieberbaum (Euca=
lyptus) trägt in seiner ersten Lebensperiode an vierkantigen
Zweigen sich gegenüberstehende ovale Blätter, welche sich senk=
recht zu den Sonnenstrahlen stellen; in einer späteren Lebens=
periode besitzt er dagegen rundliche Zweige, an denen sichelförmige
Blätter einzeln oder senkrecht stehen. — Besonders Wasser=
pflanzen zeigen Heterophyllie. So besitzt z. B. der Wasser=
hahnenfuß untergetauchte Blätter, die fein zerteilt sind, und
Schwimmblätter, die mit ihrer wenig gelappten Blattfläche
auf der Oberfläche des Wassers liegen.

Die Laubblätter nehmen oft nach obenhin in Bezug auf Größe und sonstige Ausbildung ab und gehen in die Hoch= blätter über. Es sind dies den Niederblättern ähnliche Blattbildungen, welche gleich diesen in der Entwicklung ge= hemmt sind. Sie finden sich als kleine, unscheinbare, schuppen= förmige Blätter in der Blütenregion (Figur 29), und ihr Zweck ist dann schwer einzusehen. Oft dagegen zeigen sie auch eine eigenartige Ausbildung, sind groß und bunt gefärbt und unterstützen die Arbeit der Blüte.

Den Gipfel des Sprosses und den Abschluß der Blatt= bildungen stellt die Blüte dar; dieselbe ist eine Vereinigung von Blattorganen, welche ihrer ganz besonderen Bedeutung halber besonders behandelt werden müssen.

Aus dem Vorstehenden geht hervor, daß die Blattgestalt von unten nach oben eine Aenderung erfährt, was mit dem Ausdruck Metamorphose bezeichnet wird. Das Wort ist hier natürlich in anderem Sinne als bei den Tieren, z. B. den Amphibien oder den Insekten, zu verstehen; denn es ist hier nicht wie dort ein und dasselbe Gebilde, welches eine Umwandlung erfährt.

6. Die Verschiedenheit der Sproßformen.

Der Charakter des Sprosses hängt wesentlich von der Blattgestalt ab. Daher wollen wir die verschiedenen Sproß= formen jetzt besprechen, nachdem wir Achse und Anhangs= gebilde kennen gelernt haben.

a) Normale Sproßformen.

Der normale Sproß hat einen Geotropismus, welcher dem der Wurzel entgegengesetzt ist, d. h. er wächst nicht senk= recht in die Erde, sondern senkrecht aus ihr heraus. Dieses

Streben, welches wiederum den Zweck hat, die Blätter und Blüten dem Licht und der Luft entgegenzutragen, wird unterstützt durch den mechanisch wirksamen Bau der Achse. Allein derselbe ist nicht immer derart, daß er zur Aufrechterhaltung des Sprosses genügt. In diesem Fall muß der Sproß entweder andere Stützen suchen, was wir noch erörtern werden, oder er verzichtet auf die senkrechte Erhebung in die Luft. Das hängt natürlich auch wieder von der Beschaffenheit der Umgebung ab; denn wenn die Pflanze in dem dichten Gewirr der Heckenflora oder im Waldgestrüpp auf die senkrechte Stellung verzichten wollte, so wäre dies gleichbedeutend mit Untergang und Tod, weil ihr dann andre Pflanzen soviel Licht und Luft entziehen würden, daß für sie nicht genug übrig bliebe. Ist dagegen die Umgebung frei von höher gewachsenen Pflanzen, sodaß Licht und Luft ungehinderten Zutritt haben, so hat die Pflanze gar nicht das Bedürfnis, aufrecht zu stehen. Daher sehen wir denn auch auf freien Sandplätzen, auf Wegen und an anderen Orten eine Menge kleiner Pflänzchen gedeihen, welche sich dem Boden eng anschmiegen und sich dabei offenbar ganz wohl fühlen. Es ist bemerkenswert, daß dieselbe Pflanzenart ihr Verhalten demgemäß ändern kann (ein Beispiel dafür s. unten).

Derartige kriechende Sprosse können aber noch eine besondere Bedeutung erlangen. Es giebt nämlich Pflanzen, welche von ihrem Hauptkörper aus seitlich Sprosse mit langen dünnen Achsen treiben. Dieselben kriechen weit über den Boden hin und unterscheiden sich von dem Hauptsproß zunächst auch dadurch, daß sie nur kleine, schuppenförmige Blättchen, d. h. also Niederblätter, tragen. Allein bald entwickelt sich aus der vorgeschobenen Endknospe eine junge Pflanze mit normalen Blättern; sie treibt Wurzeln und wird endlich selbständig.

Man nennt derartige Sprosse **Ausläufer** (Gundelrebe) (Fig. 19), und man sieht ein, daß diese der Vermehrung dienen, weshalb sie zu den „Vermehrungssprossen" gehören. Es ist dabei aber besonders bemerkenswert, daß die junge Pflanze durch die dünne, lange Sproßachse von der Mutterpflanze weit

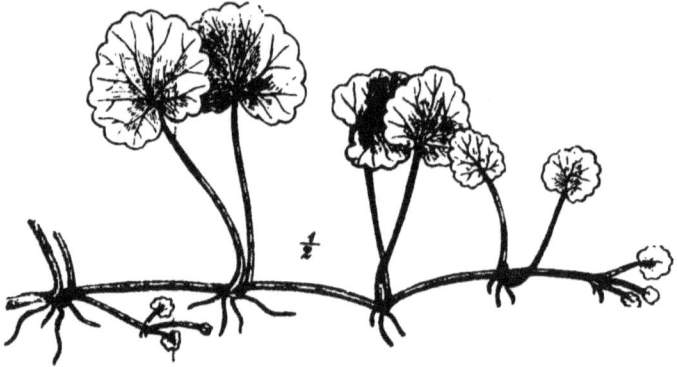

Fig. 19.
Glechoma hederacea, Gundelrebe,
Ausläufer, der sich an den Knoten bewurzelt; ¹/₃.

fortgeschoben wird, so daß sie in ein neues Erdreich kommt, wo sie einander gegenseitig nicht hindern. Die Pflanze besitzt dergestalt gewissermaßen ein Wanderungsvermögen, das für sie sehr vorteilhaft sein muß. Man beobachtet dieses Verhalten vielfach bei Pflanzen, die ihre Samen nicht recht zur Reife bringen, sowie bei Hecken-, Schutt- und Mauerpflanzen. Letztere suchen durch Vorstrecken der Ausläufer für ihre Tochterpflanzen über die Steine hin in dem zwischen denselben angehäuften Erdreich geeigneten Platz zur Weiterentwicklung. Als Beispiele für derartige Pflanzen seien genannt: kriechendes Fingerkraut und Habichtskraut, Erdbeere, auch kriechender Günsel u. a. m. Aehnliche, aber unterirdisch fortwandernde Vermehrungssprosse besitzen ebenfalls viele Pflanzen, z. B. Gräser, Riedgräser und Schachtelhalme.

Eine besonders wichtige Sproßform ist der Wurzel=
stock oder das Rhizom (Maiglöckchen). Man versteht dar=
unter einen Sproß, der ebenfalls seinen Geotropismus ein=
gebüßt hat (bezw. einen Geotropismus hat, der ihn zwingt,
wagerecht zu wachsen), überhaupt nicht mehr Licht und Luft
aufsucht, sondern wagerecht unter der Erde hinkriecht. Der
Wurzelstock gehört zu den Ueberwinterungsorganen derjenigen
Pflanzen, welche ihre oberirdischen Teile im Herbst abwerfen.
Er ist grau, weiß oder braun und besitzt bleich gefärbte Nieder=
blätter. Will er im Frühjahr die Pflanze erneuern, so muß
er selbstredend auch Knospen besitzen, da die Vermehrung
stets von diesen ausgeht; und da der junge, aus der Knospe
sich entwickelnde Sproß zunächst zur eignen selbständigen Er=
nährung nicht befähigt ist, so muß das Rhizom auch Reserve=
stoffe enthalten, durch welche es die jungen Triebe ernährt.
Indem das Rhizom an seinem Ende weiterwächst und hier
neue Triebe bildet, bringt es diese, ebenso wie der Ausläufer
seine Knospe, in immer neue Gebiete des mütterlichen Erd=
bodens, so daß die Pflanze auch stets eine genügende Menge
von Nährsalzen vorfindet.

b) Metamorphosierte Sproßformen.

Bei vielen Sprossen ist eine derartige Veränderung in
Bau und Zweck eingetreten, daß wir sie zu den metamor=
phosierten rechnen müssen.

Zu den Ueberwinterungsorganen der Stauden gehören noch
zwei andere Sproßformen, nämlich Knolle und Zwiebel.
Beide müssen drei bestimmte Eigenschaften haben: sie müssen
so gebaut sein, daß sie die Frostzeit überdauern können; sie
müssen ferner Knospen zur Erneuerung der Pflanze und end=
lich Reservestoffe zu deren Ernährung besitzen. Was den ersten

Punkt anbelangt, so sind diese Organe allerdings manchmal gerade recht empfindlich gegen Frost; dafür liegen sie ja aber in der Erde und werden durch diese und den darüber gelagerten wohlthätigen Schnee geschützt. Die Reserveſtoffe beſtehen vor allem in Stärkemehl, das ſich in einem ausgedehnten parenchy= matiſchen Zellgewebe vorfindet, welches auf Koſten des Strang= gewebes entstanden ist. Auch an Waſſer ſind dieſe Organe reich.

Sind die beiden Sproßformen Zwiebel und Knolle dem= nach biologiſch ganz gleichwertig, ſo liegt ihre Verſchiedenheit in der morphologiſchen Ausbildung. Bei der Knolle iſt nämlich die Achſe ſehr ſtark ausgebildet, während die Blätter reduziert ſind, und bei der Zwiebel iſt umgekehrt die Achſe reduziert, während die Blätter ſtark ausgebildet ſind. Als typiſche, allbekannte Knolle ſei die der Kartoffel angeführt. Sie stellt unregelmäßige rundliche Maſſen dar, welche aus einem weißen Fleiſch, dem ſtärke= und waſſerhaltigen Parenchym= gewebe, und einer braunen Rinde beſtehen. Die Kartoffel= knolle zeigt kleine grubige Vertiefungen, über denſelben kleine Schuppen und in ihnen kleine Knoſpen, die man Augen nennt. Die Schuppen ſind die Blätter; ſie, ſowie die Knoſpen, ſind ein Beweis für die Sproßnatur der Knolle. — Als Beiſpiel einer Zwiebel gedenken wir der Küchenzwiebel. Dieſelbe be= ſteht aus einer verbreiterten, aber ſehr gekürzten Achſe, dem ſogenannten Zwiebelkuchen, an dem ſich die Blätter finden; dieſe ſind in großer Zahl vorhanden und nach innen zu ſtark verdickt. Die äußeren ſind mehr haut= und ſchalenförmig, und man hat ſie geradeſo wie die Schuppen der Knolle als Nieder= blätter zu betrachten.

Eine Erſcheinung, welche auf eine ganz beſondere Art der Sproßmetamorphoſe führt, iſt die ſogenannte Sukkulenz. Wenn Pflanzen in Gegenden leben, welche fortwährend oder

zeitweilig sehr trocken sind, so müssen sie Vorrichtungen be=
sitzen, welche sie vor dem Vertrocknen schützen. Die Gefahr
des Vertrocknens liegt nun nicht nur im Mangel an Wasser,
sondern auch in einer zu starken Wasserabgabe. Gegen den
Mangel an Wasser schützt sich die Pflanze durch Herrichtung
von Wasserspeichern, welche aus einem bedeutenden, groß=
zelligen Parenchymgewebe (Wassergewebe) bestehen. Es hat
dies nämlich eine starke Verdickung der betreffenden Organe
zur Folge, und das ist es, was man mit Sukkulenz be=
zeichnet. Die Organe der Wasserabgabe sind die Blätter.
Wollen sich die Pflanzen vor dem Ver=
trocknen schützen, so müssen sie also ihre
Blattbildung reduzieren, d. h. die Ober=
fläche ihrer Blätter verkleinern oder wenig=
stens ihre Blätter mit wenig Spaltöff=
nungen versehen. Es giebt auch viele
Pflanzen, welche ihre Blätter reduzieren,
ohne für Wasserspeicher zu sorgen, so
z. B. der Spargel, bei dem die Blätter
kleine Schuppen sind, während die nadel=
artigen Organe Zweiglein darstellen
(Fig. 20).

Die Wasserspeicher sind entweder
Achsenteile oder Blätter. Darnach erhalten
diese sukkulenten (verdickten) Sprosse ein
ganz verschiedenes Aussehen; entweder ist
die Achse stark verdickt, dann sind die
Blätter verkümmert, was schließlich zum

Fig. 20.
Asparagus offi-
cinalis, Spargel
Zweigstück.
b. Blätter (schuppig)
z. Zweige in den Blatt-
achsen; natürliche Größe.

völligen Verschwinden führen kann; oder die Blätter sind stark
verdickt, dann ist die Achse gewöhnlich verkümmert.

Zu dem ersten Typus von Sukkulenz gehören die sonder=
baren Gesellen der amerikanischen Wüsten= und Steppenflora
aus der Familie der **Kakteen** (Fig. 21).

Die Ausbildung der Sproßachse bei den Kakteen ist eine
außerordentlich man=
nigfaltige; hier stellen
sie hohe Säulen und
Kandelaber dar, dort
dicke, tonnenartige Ge=
bilde, hier platte, ku=
gelige, dort mit vielen
Warzen übersäte
Massen. Dabei sind
sie sehr oft mit Sta=
cheln gespickt, die häu=
fig eine be=
trächtliche Größe er=
reichen und dem Be=
schauer als drohende
Wehr entgegenstarren.
Das sind sie auch

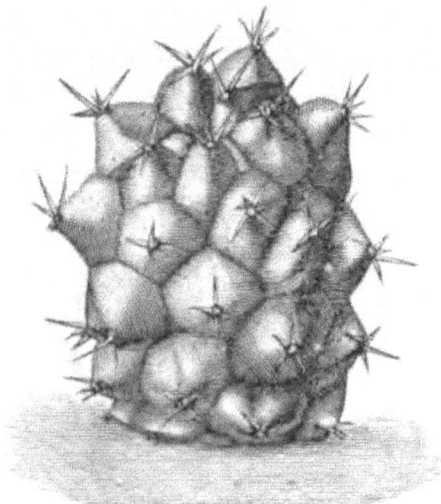

Fig. 21.
Mammilaria centricirrha Kak=
teensproß mit verdickter Achse und rebuzierten
Blättern; natürliche Größe.

thatsächlich, und die Pflanze hat sie sehr nötig; denn da sie
in Wüsten und Steppen wächst und in ihrem Gewebe eine
reiche Quelle von Wasser birgt, so wäre sie oft den Angriffen
durstiger Tiere aus ihrer Umgebung ausgesetzt, wenn diese
nicht die Stacheln scheuten. Bemerkt sei noch, daß diese ver=
dickten Sproßachsen fast immer grün sind und daher in be=
schränktem Maße die Ernährungsthätigkeit der geschwundenen
Blätter übernehmen.

Dies führt uns auf eine weitere Form der Sproßmeta=
morphose. Sind die Blätter reduziert, so kann die Pflanze

damit oft des Guten doch zuviel gethan haben, indem sie sich nun nicht genügend ernähren kann. Es wird ihr dann auf die sonderbare Weise geholfen, daß die Sproßachse selbst nicht nur Thätigkeit, sondern auch Form des Blattes annimmt. So finden wir bei manchen Kakteen, z. B. bei dem Feigen= kaktus, auseinander hervorwachsende blattartige Sproße, welche man also nicht etwa als Blätter anzusehen hat, wie gewöhn= lich geschieht.

Man nennt derartige blattartige Sprosse Klabodien. Pflanzen mit solchen finden sich auch in unseren Breiten auf sandigen, trockenen Standorten. So giebt es z. B. Ginster= arten, bei denen die Blätter zurückgehen und der Stengel eine blattartige Verbreiterung erfährt. Dahin gehört auch die kleine Wasserlinse, die weite Flächen unserer stehenden Ge= wässer mit ihrem hoffnungsvollen Grün bedeckt. Ihr ganzer Sproß besteht aus einem blattähnlichen Gebilde und wird auch gewöhnlich als Blatt angesehen, ist es aber durchaus nicht; es sind vielmehr einzelne oder auseinander hervorsproßende Klabodien.

Bei der zweiten Form der Sukkulenz sind die Blätter stärker ausgebildet und zu Wasserspeichern geworden. Wir haben bei uns auch einige wenige Formen dieser Art aus der Familie der Krassulaceen oder Dickblätter: die Fetthenne, den Mauerpfeffer und den Hauslauch. Hierbei ist gewöhn= lich die Sproßachse nicht verkürzt wie bei den Agaven Amerikas, welche in der wehrhaften Ausbildung von Spitze und Rand des Blattes einen guten Schutz für dieses besitzen.

Dem Schutz der Pflanze dienen oft ganz besonders metamorphosierte Sprosse, die sogenannten Dornen. An diesen ist die Blattbildung ebenfalls unterdrückt, so daß man höchstens noch ganz kleine Blättchen an ihnen sieht; die Sproß=

spitze stellt ihr Wachstum bald ein, und das Gewebe des
ganzen Gebildes verhärtet sich durch Verholzung; so ist es
z. B. bei unserm Weißdorn (Fig. 22) und bei der Schlehe.
Allein nicht immer haben die Dornen einen
derartigen Ursprung. Bei der Traganth=
pflanze sind es die Stiele abfallender
Blätter, die sich zu Dornen entwickeln,
und vielfach sind es sogar ganze Blätter
oder Nebenblätter, welche in Dornen um=
gewandelt werden (Berberitze).

Die als Stacheln zu bezeichnenden
Schutzorgane der Pflanze sind hingegen
keine Sprosse, sondern Anhangsgebilde
(Emergenzen s. unten), die sowohl an der
Achse als auch am Blatt sitzen können
und, ohne Zusammenhang mit den inneren
Geweben, der Oberhaut als ihr ange=

Fig. 22.
Crataegus oxya-
cantha, Weiß=
dorn, Dorn aus einem
Zweig entstanden; na-
türliche Größe.

hörige Bildungen nur aufsitzen, sich von ihr daher auch ge=
wöhnlich leicht ablösen lassen. Die Schutzorgane der Rose
sind nach dem Gesagten botanisch nicht, wie das Sprichwort
sagt, Dornen, sondern Stacheln.

Endlich müssen wir noch einer Gruppe metamorphosierter
Sprosse gedenken, das sind die Klettersprosse. Wir haben
schon gesehen, daß die Sproßachsen nicht immer fähig sind,
sich selbständig aufrecht zu erhalten. Wenn derartige Pflanzen,
sagten wir, auf freien Standorten wachsen, so legen sie sich
einfach der Unterlage an und haben dann doch Licht und Luft
genug. Etwas anderes ist es dagegen, wenn sie in dem
dichten Gewirr der Hecke, des Waldes, ja des Feldes leben;
denn dann entspinnt sich ganz naturgemäß ein Kampf um
Licht und Luft. Man kann dieses verschiedene Verhalten einer

und derselben Pflanze z. B. sehr gut in und an jedem Korn=
feld beobachten. Zur Flora desselben gehört als ein fast
ständiger Gast die Ackerwinde, ein kleines, schwachgebautes
Pflänzchen. Auf dem Weg und am Rande des Kornfeldes
findet es Licht, Luft und Platz genug; daher liegen seine
Sprosse hier der Erde einfach an, auf ihr hinkriechend. Be=
obachten wir dagegen die zwischen dem Korn wachsenden
Exemplare, so sehen wir, daß dieselben hier die benachbarten
Halme als Stütze benutzen, um sich dem Licht entgegenzu=
schwingen.

Die Stütze, welche sich die Kletterpflanzen suchen, kann
eine tote oder eine lebendige sein; sie benutzen aufrechtstehende
Pfähle, Stengel benachbarter Pflanzen, Baumstämme, Mauern
und Felswände und was der freundliche Mensch ihnen dar=
reicht. Das Verhältnis zwischen den als Stütze dienenden
Pflanzen und den Kletterpflanzen ist dann fast immer ein
ganz harmloses, obwohl es nicht ausgeschlossen ist, daß die
große Masse des Mieters sozusagen den Wirt erwürgt.

Die Organe, mit denen die Pflanze klettert, können sehr
mannigfach sein. Oft ist es die Achse selbst, welche die
Fähigkeit hat, sich um eine Stütze zu schlingen. Die fort=
wachsende Spitze derartiger „Schlingpflanzen" hat das
Bestreben, sich schraubenartig zu krümmen; sie sucht dabei
gewissermaßen eine Stütze und legt sich, falls sie eine solche
gefunden hat, um sie herum, und zwar ganz gesetzmäßig,
entweder (meistens) nach links oder nach rechts. Findet sie
keine Stütze, so macht die Spitze oft freie Windungen; auf
die Dauer wird sie aber dabei in ihrer kräftigen Entwicklung
gehemmt, da sie eben unbedingt der Stütze bedarf. Die Bohne
windet links, der Hopfen rechts.

In anderen Fällen besitzt die Sproßachse Luftwurzeln,

mit welchen sie sich an der mehr oder weniger rauhen Unter=
lage anheftet (z. B. Epheu an Baumstämmen, Mauern und
Felswänden). Auch sind es manchmal Haare, Haken und
Stacheln der Oberhaut, deren sich die schwachen Sproßachsen
bedienen, um sich an anderen Pflanzen festzuhalten (klettern=
des Labkraut, Glaskraut Fig. 23).

Fig. 23.
Parietaria diffusa, Glaskraut.
Stück eines Zweiges, der sich mit Haaren am Mauerwerk festhält.

Weniger einfach ist es hingegen, wenn der Sproß oder
seine Teile zu besonderen Organen metamorphosiert sind, wie
bei den sogenannten Rankenpflanzen. Im gewöhnlichen
Leben nennt man fälschlich oft die Ausläufer, z. B. der Erd=
beere, Ranken. In der Botanik versteht man unter Ranken
dünne, fadenförmige Organe, welche gleich dem windenden
Stengel die Fähigkeit haben, sich um eine Stütze herumzu=
legen. Zuweilen sind es ganze Seitensprosse, welche sich zu
dünnen Ranken ausbilden, die oft gleichfalls verzweigt sind
(Wein, Kürbispflanzen z. B. Zaunrübe, Fig. 24). Die Enden
sind dann entweder windend oder zu Saugwarzen umgebildet.
In anderen Fällen übernimmt der Blattstiel die Aufgabe, den
Sproß an einer Stütze anzuheften (Kapuzinerkresse), oder es
kann auch das Blatt oder ein Teil von ihm (z. B. das Neben=

blatt) zu einer Ranke umgebildet sein. Das findet sich be=
sonders bei zusammengesetzten Blättern; es teilt sich dann
die Arbeit derart, daß einige Teilblättchen die Ernährung be=
sorgen, andere dagegen, nämlich die äußersten am Blatt, die
Befestigung der Pflanze übernehmen (Erbse).

Die Blätter können ferner die Arbeit der Wurzeln leisten,
wie es bei manchen Wasserpflanzen vorkommt, welche keine
echte Wurzel besitzen. So findet z. B. bei dem Wasser=
farn Salvinia (zu den Wurzelfrüchtlern gehörig) eine be=
merkenswerte Arbeitsteilung statt, indem ein Teil der Blätter
Ernährungs= und die anderen S c h w i m m o r g a n e werden.
Die Schwimmorgane entstehen, indem die Blätter, was auch
sonst zuweilen vorkommt, ein Gewebe ausbilden, das Luft=
kammern enthält und deshalb spezifisch leichter als Wasser ist;
der andere Teil der Blätter ist zu fein zerschlitzten, im Wasser
untergetauchten Wurzelorganen geworden.

Ein ganz besonders anziehendes Gebiet der Blattmetamor=
phose bilden die „i n s e k t e n f r e s s e n d e n P f l a n z e n“, bei
welchen die Blätter zu F a n g a p p a r a t e n umgebildet sind.
Das einfachste Beispiel bietet der auch bei uns einheimische,
auf Moor= und Sumpfboden wachsende S o n n e n t a u (Drosera).
Er hat gestielte, rundliche Blätter, welche mit langknopfigen
Drüsenhaaren besetzt sind, die am Ende eine klebrige Abson=
derung tragen (Fig. 25 a). Wenn ein kleiner Körper, z. B.
ein kleines Insekt, auf das Blatt gelangt, so beginnt eine
stärkere Ausscheidung der Drüsenflüssigkeit; gleichzeitig legen
sich die Haare über das Insekt hin, halten es fest und er=
sticken es, indem die klebrige Flüssigkeit die Ausgänge der
Tracheeen verstopft. Es ist bemerkenswert, daß unorganische
Körperchen, wie Sand und dergleichen, wohl eine Steigerung
der Drüsenabsonderung, jedoch keine Bewegung der Haare be=

wirken. Das gemordete Tier wird nun von dem Pflanzen=
blatt geradezu verdaut, alles Brauchbare wird aufgelöst, und
es bleibt nichts übrig als die unverdaulichen Teile des Chitin=
panzers, die schließlich abfallen. Uebrigens ist hier wie auch
bei den anderen insektenfressenden Pflanzen die Tierverdauung
nur ein die normale Ernährung unterstützender Vorgang, da
diese auch daneben stattfindet.

Fig. 24.
Bryonia dioica, Zaunrübe. Sproß mit Ranken, ¹/₃.

Bei dem auf sandigen Standorten mancher Mittelmeer=
gegenden (Marokko, Portugal) lebenden Taublatt (Droso=
phyllum) ist das fadenförmige lineale Blatt ringsum mit
klebrigen Drüsenhaaren besetzt, an welchen kleine Insekten
hängen bleiben, wie an den als Fliegenfallen aufgestellten
Leimruten. — Die Venusfliegenfalle (Dionaea)
(Fig. 25 b) Nordamerikas besitzt umgewandelte Blattstiele,
welche an Stelle des Blattes die regelrechte Ernährung be=
sorgen, und eine in der Mittellinie zusammenklappbare Spreite,
die am Rande Wimpern und auf der Fläche rote Drüsenhaare

trägt. Bei Berührung klappt die Spreite zusammen, die Wim=
pern schließen sich, und das berührende Tierchen ist dem Tode
geweiht.

Eine zweite Gruppe von Tierfängern besitzt Blätter mit
Höhlungen, in denen sich die Tiere fangen. Bei dem wurzel=
losen Wasser=
schlauch (Utricu-
laria), der auch in
unseren Gewässern
vorkommt, sind die
Blätter retortenartig
aufgeblasen; an dem
Eingang in die Höh=
lung befindet sich eine
elastische Klappe, die
wie ein Ventil nur
einem von außen
kommenden Druck
nachgiebt; diese Oeff=
nung ist ferner von

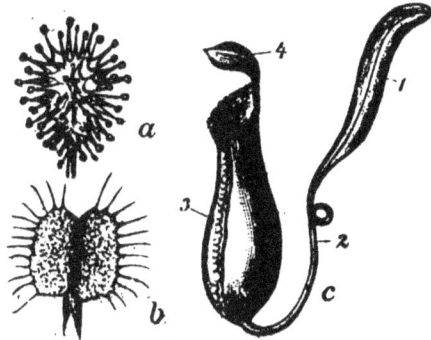

Fig. 25.
Blätter von insektenfressenden
Pflanzen.
a Drosera, natürliche Größe; b Dionaea, ver=
kleinert; c Nepenthes;
1 spreitenartiger Blattstiel, 2 Ranke, 3 Kanne,
4 Deckel; verkleinert.

Borsten umgeben, sodaß das Ganze an jene kleinen Krebse,
Daphnien, erinnert, welche in unseren Tümpeln und Teichen
hausen. Auf der Innenwand des Gebildes finden sich Saug=
zellen. Wenn kleine Tiere in das Fangblatt eingedrungen
sind, so kommen sie lebend nicht aus dem Gefängnis heraus,
sie ersticken oder verhungern, und ihre Reste werden, wenn sie
verwesen, aufgesogen, was übrigens keineswegs mit voller
Bestimmtheit nachgewiesen ist.

Eine besondere Berücksichtigung und Teilnahme verdienen
die Kannenpflanzen, Arten der Gattungen Sarracenia
und Nepenthes. Sarracenia ist eine Sumpfpflanze Nord=

oftamerikas. Ihre Blätter bilden sonderbare schlauchförmige
Gebilde, welche der Erde aufliegen und bogig nach oben steigen;
an der Mündung findet sich ein muschelförmiger Spreitenteil.
Der Schlauch besitzt eine Leiste, die Spreite zeigt Honigab=
sonderung, die Innenwand des Schlauches ist glatt. Die
Spreitenmuschel fängt das Regenwasser auf, daß sich in dem
Schlauch in großer Menge ansammelt. Kleine Gliedertiere
lassen sich nun in großer Zahl verlocken, auf jener Leiste zu
den Honigdrüsen emporzusteigen; jedoch dort angelangt, fallen
sie hinunter und sind unrettbar verloren; denn an dem nach
oben verengten Schlauch kommen sie nicht wieder herauf,
und in dem Wasser werden sie bald ertrinken und verwesen;
vielleicht scheidet der Schlauch auch eine Flüssigkeit ab, welche
dies beschleunigt. Die Menge der in einem solchen Schlauch
gefangenen Tiere soll oft eine sehr große sein. — Die Mord=
gier ist bei einigen Arten mit fast verwerflich zu nennender
List verbunden: so sondern einige auch an der Schlauchleiste
Honig ab, andere besitzen an der Spreite bunte Farben außer
den Honigdrüsen und locken so mit allen zu Gebote stehenden
Mitteln die unglücklichen Tiere in sicheres Verderben.

Die Fangwerkzeuge der Nepenthes (Fig. 25 c) sind denen
von Sarracenia ähnlich. Diese Pflanzen der tropischen Sumpf=
vegetation im Urwald klettern oft lianenartig an Bäumen
empor. Ihr Blatt zeigt eine lehrreiche Arbeitsleistung; denn
es ist Ernährungs=, Kletter= und Fangorgan zu gleicher Zeit:
der untere Teil (Blattstiel) ist spreitenartig, dann folgt eine
Ranke (zweiter Teil des Blattstiels), ferner eine Kanne (die
manche auch noch für einen Teil des Blattstiels halten) und
endlich ein blattartiger Deckel (die Spreite). Auf der Kanne
finden sich trügerische Wegweiser, und auch hier locken bunte
Farben die vertrauensseligen Tierlein heran, die zwar am

Rand der Mördergrube noch mit süßem Honigseim abgespeist werden, nach dieser Henkersmahlzeit aber gemeiniglich an dem glatten Rand ausgleiten und dann als verlorene Leute in die Tiefe hinabstürzen.

c) Reduzierte Sproßformen.

Bei den reduzierten Organen handelt es sich besonders um Schmarotzer. Das Gebiet derselben bietet einige von den wenigen Beispielen, bei denen man von einer durch die veränderte Lebensweise verursachten feststehenden Abänderung weitgehender Art sprechen kann. Zu verwundern ist das nicht; denn thatsächlich bedeutet doch der Eintritt in die parasitäre Lebensweise geradezu eine Umkehr der Pflanzennatur. Die Pflanze unterscheidet sich gerade dadurch vom Tier, daß sie sich selbständig durch die ihr von der unorganischen Natur dargebotenen Stoffe ernährt; wenn sie nun diese Art der Ernährungsweise verläßt, so muß sich damit notwendig eine bedeutsame Organisationsverschiebung verbinden.

Die parasitäre Lebensweise zeigt die verschiedensten Stufen. Es giebt Parasiten, bei denen die altherkömmliche Mode der Pflanzen=Ernährung noch zum guten Teil beibehalten ist, die aber doch schon zum Schmarotzertum hinneigen und dann kaum eine Verkümmerung (Reduktion) der Achsen= und Blattorgane zeigen. Da derartige Parasiten ihren Wirten fast nur Wasser und etwa noch Salze entziehen, so betrifft die Reduktion nur die Wurzel. So ist es bei der oben besprochenen Mistel, ferner bei anderen Pflanzen unserer Flora (z. B. Hahnenkamm), denen man das Schmarotzerwesen nicht ansieht.

Zu einer zweiten Gruppe gehört die Flachsseide (Cuscuta), eine Pflanze, welche andere Pflanzen (Flachs, Hanf, Brennnesseln, Klee, daher auch Kleewürmer oder Teufelszwirn ge=

nannt) umwindet und keine Erdwurzeln besitzt. Dagegen saugt sie sich mit Luftwurzeln, die zu Saugorganen umge= wandelt sind, an der Wirtpflanze fest und entwendet ihr nütz= liche Säfte; vor allem aber schadet sie derselben dadurch, daß sie, besonders wenn sie in großen Mengen vorkommt, dieselbe erstickt.

Bei der Flachsseide ist die Blattreduktion schon gründlich eingetreten; die Blätter sind nur noch kleine Schuppen, und die ganze Pflanze ist rötlich=gelb, nicht grün gefärbt. Noch mehr tritt das bei manchen Knabenkrautarten, ferner bei dem Fichtenspargel und der Orobanche ein, welche infolge des Mangels an Blattgrün und der dadurch erzeugten bleichen Beschaffen= heit der pflanzlichen Ernährungsweise gänzlich den Rücken ge= wandt und das Schmarotzerleben angenommen haben. Diese Wesen sind übrigens nicht immer Mord= und Raubgesellen, sondern viele von ihnen leben von dem Moder und Humus des Waldbodens; andere dagegen suchen mit ihren Wurzeln diejenigen anderer Pflanzen auf und saugen ihnen die Lebens= säfte aus.

Bei vielen Schmarotzern der Tropen ist der Körper eine mehr oder weniger unförmliche Masse, welche höchstens kleine Schuppen als Blätter und eine unregelmäßige Masse als Wurzel trägt, die auf oder in dem Körper des Wirts sitzt und im übrigen fast nichts ist als eine große Blüte. Es ist sonderbar, daß diese Parasiten in ihren Blüten durchaus nicht reduziert sind; einige von ihnen haben sogar die größten Blüten, die es giebt, z. B. Rafflesia Arnoldi, deren Blüten im Knospenzustand großen Kohlköpfen gleichen, geöffnet einen Durchmesser von 1 m erreichen, aber einen höchst unange= nehmen Leichengeruch verbreiten. Entdeckt wurde diese Wunder= blume im Jahre 1818 auf Sumatra; sie auch anderswo nach= zuweisen, ist noch nicht gelungen.

d) Rudimentäre Sproßformen.

Diese Sproßformen, die wir bisher betrachteten, sind die= jenigen der höchsten Pflanzen, die man als Samenpflanzen bezeichnet. Unter den anderen, den sogenannten Sporen= pflanzen (Kryptogamen), findet sich eine ganze Reihe von Sproßformen in aufsteigender Stufenleiter.

Wir können es immerhin noch als einen Sproß ein= fachster Form bezeichnen, wenn der ganze Pflanzenkörper von einer einfachen Zelle gebildet wird, wie bei manchen Algen und Pilzen. Hier ist eine Arbeitsteilung über= haupt noch nicht eingetreten; die Zelle ist ein und alles. Allein schon auf der Stufe des Einzellenlebens, wie man es nennen könnte, kann die Zelle ein bedeutsames Wachstum und eine verschiedene Ausbildung ihrer Enden erfahren: das untere Ende heftet sie der Unterlage an, ist also vom physiologischen Gesichtspunkte aus als Wurzel zu betrachten; das obere ist grün und wächst nach oben, entspricht also dem oberirdischen Sproß höherer Pflanzen. Dieser Fall findet sich wiederum bei Algen sowohl, als auch bei Pilzen, z. B. manchen Schimmel= pilzen.

Die nächste Stufe der Sproßentwicklung, der Lager= sproß, ist dann der vielzellige Körper, der wieder dieselben eben erörterten Unterstufen zeigen kann: einfache Körper ohne Arbeitsteilung und zusammengesetztere mit mehr oder weniger weitgehender Arbeitsteilung. Hierbei zeigt der Sproß, ab= gesehen von dem Geschlechtsapparat, der schon auf dieser Stufe eine bedeutende Rolle spielt, nur einen geringen Fortschritt in der Ausgestaltung, der sich vor allem in der Ausgliederung der Anhangsgebilde, d. h. der Blätter, offenbart. Diese finden sich erst bei den höchsten Algen, den Characeen; den Pilzen als Schmarotzern fehlen sie selbstverständlich.

Die folgende Stufe könnte man den Moossproß nennen. Derselbe ist gekennzeichnet durch die Gliederung des Sprosses in Achse und Blatt. Allein zunächst neigt der Sproß dabei doch noch dazu, die Blattbildung zurückzuhalten, wie es bei den Lebermoosen oft der Fall ist. Da aber die Pflanze ein ausgeprägtes Bedürfnis nach pflanzlicher Ernährungsweise besitzt, so bildet sich die Achse dabei bezeichnender Weise zu einem Flachsproß, einer Cladodie, aus, an welcher die Blättchen als Schuppen auf der Unterseite sitzen. Bei den höheren Moosen zieht sich die Achse mehr stengelartig zusammen und zeigt nun Blättchen einfachster Art. Diesen kleinen Pflanzen fehlen die Gefäßbündel, womit der Mangel an echten Wurzeln zusammenhängt, die hier durch Wurzelhaare vertreten sind.

Bei der nächsten Stufe, dem Farnsproß, erfahren Achse und Blatt eine bedeutende Weiterentwicklung sowohl in anatomischer als auch in morphologischer Hinsicht. Daher treffen wir denn hier auch schon auf Formen, die verschiedenen physiologischen Zwecken dienen.

Noch weiter geht endlich die Sproßform der Samenpflanzen, auf deren Mannigfaltigkeit wir ja schon genügend eingegangen sind.

7. Haarbildungen.

Nur kurz wollen wir noch jener Gebilde gedenken, welche anatomisch eine einfache Ausgliederung der Oberhaut darstellen und die man als Haarbildungen zusammenfassen kann.

Sie können an allen Organen der Pflanze auftreten. An den Wurzeln sind sie nur in einer Art vorhanden, nämlich als Wurzelhaare, welche an den fortwachsenden Wurzelspitzen als einzellige Schläuche entstehen und aus der Erde das Wasser aufsaugen.

Die Haarbildungen der Sproßachse und der Blätter da=
gegen sind gar mannigfach: hier sind es einfache Warzen,
dort kurze oder lange Fäden; hier sind sie am Ende keulig
verdickt, dort verzweigt und sternförmig; hier bilden sie einen
rauhen Ueberzug der Blätter, dort einen dichten Wollfilz,
der die Pflanze gegen Verdunstung und Wärmestrahlung schützt;
hier sind es Spreuschuppen (Farne) dort Leimzotten,
welche die Knospenhülle der Bäume durch ihre Gummi=
absonderung vor Tieren und Feuchtigkeit schützen (Roßkastanie);
hier sind es Drüsenhaare, dort Brennhaare; hier
Fanghaare, dort solche, welche der Verdauung insekten=
fressender Pflanzen dienen.

Zu den Emergenzen, d. h. Gebilden der Oberhaut, an
deren Bildung auch tiefere Gewebeschichten, nicht aber Gefäß=
bündel teilnehmen, gehören die Stacheln. Sie lassen sich
dementsprechend leicht von dem Organ trennen, auf welchem
sie sitzen, und dadurch leicht von den Dornen unterscheiden,
was allerdings nicht für alle so vollständig zutrifft. Sie dienen,
wie leicht erklärbar, dem Schutz der Pflanze gegen lebende
Feinde.

8. Der Blütensproß.

Alle von uns betrachteten Sprosse dienen vor allem der
Ernährung und dem Nebenzweck des Schutzes, des Festhaltens,
des Tierfangs: also der Erhaltung des Individuums. Dieser
selbstsüchtige Zweck ist aber nicht der einzige, der das Reich
der Lebewesen beherrscht. Vielmehr finden wir als zweiten
Zweck, der dem pflanzlichen Individuum an sich ganz gleich=
giltig sein muß, die Erhaltung der Art, die Bildung einer
neuen Generation, die nach dem eigenen Untergang den Schau=
platz des Lebens betreten soll: also die Fortpflanzung.

Der Pflanzenkörper bildet zu diesem Zweck ganz be=
stimmte Sprosse aus, die man Blüten nennt.

Der Blütensproß stellt entweder den Gipfel=Abschluß
des vegetativen Sprosses und seiner Nebensprosse dar, oder er
bildet eigene, in den Blattwinkeln aus besonderen, früh zu
erkennenden Knospen entstandene Sprosse. Die Zahl der
Blüten ist eine ganz verschiedene; es giebt Pflanzen, die sich
mit einer einzigen Blüte begnügen, andere, die mehr haben,
andere, die eine sehr große Menge hervorbringen, wobei die
Zahl im umgekehrten Verhältnis zur Größe steht. Sehr oft
dient ein ganzes Sproßsystem mit vielen Achsengenerationen
dem Zweck der Fortpflanzung; man spricht dann von einem
Blütenstand. Derselbe soll den vorhandenen Raum für
die Blüten vergrößern und zeigt eben daher eine oft bedeu=
tende Verzweigung der Achsen. Wir haben die Hauptblüten=
stände schon oben erwähnt. Die in ihnen auftretenden Stütz=
blätter der Achsen zeigen eine Verkleinerung und Vereinfachung
der Laubblätter. Es sind die oben schon erörterten Hoch=
blätter (Fig. 29).

a) Bau der Blüte im Allgemeinen.

Der Blütensproß oder die Blüte zeigt eine Stufen=
folge von verschiedenartig metamorphosierten Blättern, von denen
man die äußeren als Blütenhülle, die inneren als die eigent=
lichen Fortpflanzungsorgane zu betrachten hat (s. für das
folgende die Fig. 27—30). Die Blütenhülle wird aus
zwei Blattkreisen, Kelchblättern und Blumenblättern,
gebildet; auch die Fortpflanzungs= oder Geschlechtsblätter (um
eine für das ganze Pflanzenreich passende Bezeichnung zu
haben, kann man sie Sporophylle oder Sporenträger nennen)
sind zweierlei Art, nämlich Staubgefäße (männlich) und

Stempel (weiblich). Nur bei den Blütenhüllblättern iſt
die Blattnatur klar erkenntlich, bei den anderen Blättern der
Blüte hingegen iſt ſie verborgen. Daß aber auch bei Staub=
gefäßen und Stempeln — oder, wie man ſie ihrer Natur nach
lieber nennen ſollte, Staubblättern und Fruchtblättern
— eine Metamorphoſe des Blattes vorliegt, zeigen ſowohl
die Entwicklungsgeſchichte als auch ſogenannte Rückſchlags=
erſcheinungen. Es kommt nämlich vor, daß die Staubgefäße
und die Stempel ganz oder zum Teil blattartig ausgebildet
ſind, z. B. in gefüllten Blüten, welche daher die Fähigkeit,
Samen zu erzeugen, eingebüßt haben.

Dem Geſagten zufolge ſind die Staub= und Frucht=
blätter die weſentlichen Blütenteile; die Blütenhülle iſt un=
weſentlich, kann daher auch fehlen. Iſt ſie ſamt allen anderen
Teilen vorhanden, ſo nennt man die Blüte vollſtändig (Fig.
27); fehlt ſie, ſo iſt die Blüte nackt. Es kann auch vor=
kommen, daß nur ein Hüllkreis, alſo entweder der Kelch=
blatt= oder der Blumenblattkreis, vorhanden iſt (Fig. 29);
auch können beide gleichartig ausgebildet ſein, dann nennt
man die Hülle ein Perigon; bei Fig. 30 iſt der deutlich
vorhandene Kelch kronenartig und bunt. Wenn von den
weſentlichen Blütenteilen ſowohl Staub= als auch Fruchtblätter
vorhanden ſind, ſo liegt eine zwittrige oder zweigeſchlecht=
liche Blüte (Fig. 27) vor; iſt nur eine von beiden Arien
da, ſo iſt die Blüte eingeſchlechtlich, und zwar männ=
lich, wenn ſie Staubblätter, weiblich, wenn ſie Frucht=
blätter beſitzt (Fig. 29). Fehlen endlich alle beide, ſo iſt die
Blüte für ihren eigentlichen Zweck verloren und ſteht im
Dienſt anderer Blüten, wie wir dies noch erörtern werden.

Die Anordnung der Blütenteile iſt eine ganz geſetz=
mäßige. Die Darſtellung derſelben in Horizontalprojektion

nennt man ein **Diagramm** (Fig. 26); aus ihm läßt sich
die Anordnung der Teile am besten erkennen. Diese An=
ordnung ist nun entweder eine quirlartige (cyklische) oder eine
spiralige (acyklische). Letztere findet sich z. B. bei den Zapfen
der Koniferen, ist aber seltener. Bei der Quirlstellung hat
man auf die Zahl der Kreise (Quirle) zu achten; denn oft
genug zeigen einige Arten der Blütenorgane mehrere Kreise
(besonders die Staubblätter). Man spricht darnach von ein=
bis mehrquirligen (cyklischen) Blüten, sodann ist die Zahl
der Blätter in einem Quirl beachtenswert (zwei= bis mehr=

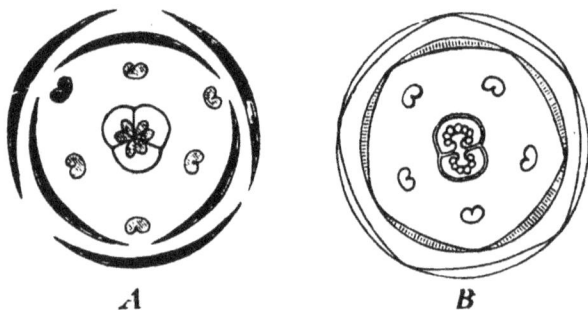

Fig. 26.
Diagramm. A. Tulipa, pentacyklische trimere Blüte;
B. Solanum, tetracyklische pentamere Blüte.

zählig, bimer, trimer, tetramer, pentamer u. s. w.). Bezüg=
lich der Stellung der aufeinander folgenden Quirle kommen
zwei Fälle vor: entweder stehen die Glieder des folgenden
Quirls zwischen denen des vorhergehenden, sie alternieren,
oder die Glieder des folgenden Quirls stehen vor denen des
vorhergehenden, sie sind dann opponiert. Einige Beispiele
sind folgende: der Nachtschatten (Fig. 26 b) (Solanum) hat
eine vierquirlige (tetracyklische) Blüte, und jeder Quirl ist
fünfzählig (pentamer), die Kreuzblüten (z. B. Kohl) sind sechs=

quirlig und die einzelnen Quirle sind verschiedenzählig
(2 Kelchquirle zu je 2 Blättern, 1 viergliedriger Blumen=
blattquirl, ein zwei= und ein viergliedriger Staubblattquirl
und ein zweigliedriger Fruchtblattquirl) die Liliengewächse
(z. B. Tulipa Fig. 26 a) besitzen sehr ausgesprochen fünf=
quirlige (pentacyklische) Blüten mit je drei Gliedern (trimer).

Zu bemerken ist nun aber, daß die eben erörterten Ver=
hältnisse nicht immer so klar liegen, wie es hier geschildert
ist. Es kann nämlich Reduktion einzelner Teile stattfinden,
was man hier als A b o r t bezeichnet. Schwinden einzelne
Teile ganz, so kann begreiflicherweise nur die Entwicklungs=
geschichte Aufklärung geben. Andererseits kann eine Spaltung
oder Verdoppelung in einem Kreis eintreten; so ist z. B. der
innere Staubblattkreis der Kreuzblüte durch Verdoppelung
viergliedrig geworden. Endlich können benachbarte Blüten=
teile eines Quirls mit einander verwachsen und dadurch die
gesetzmäßigen Zahlenverhältnisse stören.

Die Vermehrung der Blumenblätter in gefüllten Blüten
entsteht in den wenigsten Fällen durch Einschiebung neuer
Blätter. Vielmehr sind es gewöhnlich zwei andere Gründe,
welche eine Füllung bewirken: Spaltung der ursprünglich ein=
fachen Anlagen in mehrere andere oder Verwandlung der
Staub= und Fruchtblätter in Blumenblätter, wobei eben ihre
eigentliche Natur zu Tage tritt.

Die Deckung der Blütenteile in der Knospe nennt man
A e s t i v a t i o n; sie ist „klappig“, wenn sich die Blätter mit
den Rändern berühren, „dachig“, wenn dieselben übereinander
greifen. Auf Einzelheiten wollen wir nicht eingehen, ebenso=
wenig auf den sogenannten A n s c h l u ß d e r B l ü t e, worunter
man die Art und Weise versteht, wie sich die Blattorgane
der Blüte an die ihnen vorangehenden Blätter anschließen.

Auch kann es uns nicht darauf ankommen, die Entwicklungs=
geschichte der Blüte zu erörtern. Es genügt uns, daß der
Vegetationspunkt des Blütensprosses sein Wachstum einstellt,
nachdem er die Blattorgane seiner Sphäre in derselben Weise,
wie es an den vegetativen Sprossen geschieht, d. h. als Zell=
höcker, angelegt und ausgegliedert hat.

Zum allgemeinen Blütenbau gehört auch der Gesamt=
eindruck, den die Blüte im Bezug auf Regelmäßigkeit macht.
Man nennt die Blüte regelmäßig, wenn die Glieder aller
Quirle unter sich gleichartig gebaut und um die Achse gleich=
mäßig strahlig angeordnet sind (Vergißmeinnicht), dagegen
symmetrisch, wenn dies nicht der Fall ist, die Blüte sich
aber durch einen Schnitt in zwei spiegelbildlich gleiche Hälften
teilen läßt Mimulus Fig. 30, Erbse, Bienensang). Die Un=
gleichheit kann schon durch verschiedene Färbung und Stellung,
vor allem aber durch Unterschied in der Größe veranlaßt
werden. Ueber die Ursache der symmetrischen Ausbildung der
Blüte hat man gestritten, ohne einig zu werden.

b) Bau der Blüte im Einzelnen.

α. Die Achse.

Die Achse des Blütensprosses führt den Namen Blüten=
boden oder später Fruchtboden; gewöhnlich ist sie sehr ver=
kürzt, da ihre Blätter sehr dicht aufeinander folgen und zwar
im typischen Fall in der oben erwähnten Reihenfolge: Kelch,
Blumenkrone, Staubgefäße und Stempel, sodaß
also die letzteren den Gipfel bezw. das Zentrum der Blüte
einnehmen. Allein es kommt doch auch vor, daß die Inter=
nodien zwischen zwei verschiedenen Blattquirlen der Blüte sich
verlängern, sodaß dann ein Quirl stielartig emporgehoben er=
scheint (Nelkengewächse). Zuweilen bilden sich auf der Achse

zwiſchen den Quirlen Drüſen mit honigartiger Abſonderung; iſt
es ein mehr ringförmiger Wall, ſo nennt man es einen Diskus
(Lippenblütler). Die Achſe kann aber auch eine Verbreiterung
erfahren und zu einer flachen Scheibe werden, auf der dann
die Quirle mehr oder weniger auseinander gerückt erſcheinen
(einige Roſengewächſe, z. B. Himbeere). Stellt man ſich
nun vor, daß auf dieſem ſcheibenförmigen Blütenboden
zwiſchen Staubblättern und Stempeln ein Wachstum ſtatt-
findet, ſo daß Kelch, Blumenkrone und Staubgefäße wie auf
einem Wall emporgehoben werden, ſo erſieht man, daß ſich
eine becherförmige Bildung ergeben muß; im Innern dieſes
Bechers ſitzen die Stempel, am Rand die übrigen Blütenorgane (Roſengewächſe, z. B. Roſe). Der dritte Fall endlich
iſt, daß nun die becherförmig ausgebildete Achſe an ihrer
Innenfläche mit den Fruchtblättern verwächſt, ſo daß dann
die andern Blütenteile auf dem Gipfel der Fruchtblätter und
dieſe unter jenen zu ſitzen ſcheinen (Doldengewächſe). Man
bezeichnet dies als Inſertionsverhältniſſe der Blüte
und nennt die Blütenhülle im erſten Falle unterſtändig
(Fig. 27 und 28) (hypogyn — dann iſt der Stempel
natürlich oberſtändig), im zweiten Fall umſtändig (perigyn
— dann iſt der Stempel mittelſtändig) und endlich im dritten
Fall oberſtändig (epigyn — dann iſt der Stempel
unterſtändig).

β. Die Blütenhülle.

Es iſt ſchon geſagt, daß Blüten ohne beſondere Hülle
nackt heißen (Eſche, Weide). Die Hülle kann, wenn vorhanden, einfach, d. h. gleichartig ausgebildet ſein, dann heißt
ſie Perigon (Fig. 29); oder ſie kann ſich in zwei ver-
ſchiedene Kreiſe gliedern, dann unterſcheidet man dieſelben

als Kelch und Krone (Fig. 27). Alle drei können verwachsen (Fig. 28 und 30) oder freiblättrig (Fig. 27

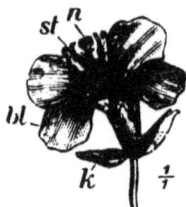

Fig. 27.
Diplotaxis tenui-
folia, Rampe,
zweigeschlechtige
vollständige Blüte.
k Kelch, bl Blumenblätter,
st Staubfäden, n Narbe
des Stempels.

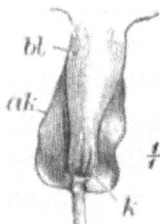

Fig. 28.
Thunbergia alata.
unterer Teil der
Blüte,
ak Außenkelch,
k Kelch, bl Blumen-
kronenröhre.

und 29) sein; im
ersteren Fall offen-
bart sich am Rand
durch eine Zahnung,
Spaltung oder Tei-
lung noch die Mehr-
blättrigkeit. Bei dem
Ausdruck „ver-
wachsenblättrig" darf
man übrigens nicht
an eine nachfolgende
Verwachsung

ursprünglich getrennter Blattanlagen denken; eine derartige
Blütenhülle entsteht vielmehr als ein emporwachsender Ringwall.

Kelch und Krone unterscheiden sich bei typischer Ausbildung wesentlich durch ihr äußeres Verhalten. Der Kelch
ist grün und laubartig, selten bunt (Fig. 30), gewöhnlich sind
seine Blätter mit breiter Basis sitzend und ungeteilt (bei der
Rose geteilt). Seine Aufgabe als Blütenhülle fällt vor allem
in die Jugendzeit der Blüte, d. h. er schützt die Knospe,
welche die unreifen inneren Teile und die noch zusammen-
gelegte Krone enthält. Der Kelch hat aus diesem Grund
oft nur eine vorübergehende Bedeutung und fällt daher in
einzelnen Fällen bald nach dem Aufschließen der Blüte ab
(Mohn). Ist er ausbauernder, dann übernimmt er später
eine zweite Aufgabe. Diese ist vor allem, als Flugorgan die
Verbreitung der Früchte zu fördern. Das ist namentlich auffallend bei den Kompositen, die einen haarförmigen, zunächst
sehr kleinen Kelch besitzen, der jedoch später bis zur Fruchtreife

zu einer fallschirmartigen Haarkrone, dem Pappus, aus=
wächst (Löwenzahn, Ruhrkraut Fig. 32, auch Fig. 48). Die
Bezeichnungen, die man für den ver=
wachsenblättrigen Kelch benutzt, erklären
sich aus sich selbst (z. B. röhrig, glockig,
trichterförmig, becherförmig, kugelig, auf=
geblasen). Der Kelch kann auch sym=
metrisch gebaut sein.

Die Blumenkrone ist im Gegen=
satz zum Kelch meist bunt gefärbt und
zarter gebaut; sie kann auch gestielt (ge=
nagelt sagt man dann) und zerschlitzt
sein (Nelken). Die bunte Färbung beruht
auf gelösten roten und blauen oder körnigen
gelben Farbstoffen; andere Eigentümlich=
keiten, wie sammetartige Oberfläche, be=
ruhen auf anatomischen Verhältnissen.

Fig. 29.
Begonia spec.,
weibliche Blüte.
v Vorblatt, st Stiel, fr
Fruchtknoten, bl Blumen=
krone, n Narbe.

Regelmäßige freiblättrige Kronen haben die Kreuzblütler,
Nelken= und Rosengewächse; eine symmetrisch freiblättrige
Krone besitzen die
Schmetterlingsblütler,
eine regelmäßig ver=
wachsenblättrige die
Glockenblumen, eine sym=
metrisch verwachsenblätt=
rige die Lippenblütler.
Die beiden letzten Formen
vereinigen die Kompo=

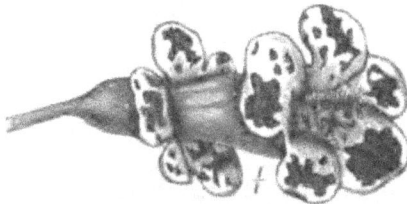

Fig. 30.
Mimulus luteus,
Blüte mit kronenartigem Kelch.

siten (Fig. 31 und 32) in einem Blütenstand: ihre Röhren=
blüten sind regelmäßig, die Zungenblüten symmetrisch. Im
übrigen treffen wir auf ähnliche Bezeichnungen wie beim Kelch.

Auch die Ausbildung des Perigons kann eine ähnliche sein, und zwar ist dasselbe entweder kelchartig (grün) oder kronenartig (bunt).

Fig. 31.
Solidago virg-
aurea, Goldrute,
Blütenköpfchen.

Es ist klar, daß die Arbeitsleistung der Krone als Blütenhülle nur eine ganz geringe sein kann. Es giebt allerdings Kronen und Perigone, die sich nachts schließen und dann die inneren Teile vor nächtlicher Kälte schützen. Im übrigen sind sie dazu viel zu zart und obendrein auch meist flach ausgebreitet. Dies hängt alles mit einem wichtigen Kapitel der Biologie zusammen. Wie wir sehen werden, greifen die Insekten, besonders Hautflügler (Bienen, Hummeln), bei der Befruchtung der Pflanze bedeutsam in das Leben derselben ein. Die Pflanze ist auf sie angewiesen, daher sucht sie dieselben anzulocken: sie bietet ihnen den Honig, den sie in der Blüte absondert, und den Ueberfluß ihres Blütenstaubes; sie lockt sie an durch bunte Farben der Blumenblätter und durch Wohlgerüche. Die großen Blumenblätter rufen die Insekten schon von weitem, und wenn sie kommen, bieten sie ihnen eine willkommene Anflugsfläche. Oft findet hierbei eine sonderbare Arbeitsteilung statt, indem bei manchen Blütenständen, namentlich bei den Körbchen, die außenstehenden Blüten bedeutend größer

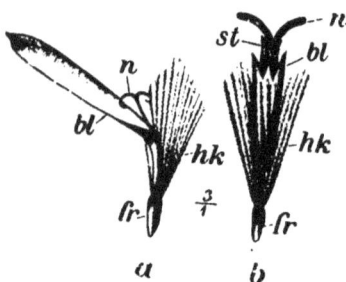

Fig. 32.
Pulicaria dysenterica,
Ruhrkraut.
a) eingeschlechtige (weibliche) Zungen-
blüte vom Rand; b) zweigeschlechtige
Röhrenblüte von der Scheibe. fr unter-
ständiger Fruchtknoten, hk Haarkrone,
bl Blumenkrone, st Staubfadenröhre,
n Narbe. ²/₁.

ſind als die andren, alſo als Lockapparat und Anflugſtelle
dienen, im übrigen aber wertlos ſind, da ſie durch Verluſt
von Staublättern und Stempeln unfruchtbar geworden ſind
(Wucherblume, Kornblume, Goldrute Fig. 31 und Ruhrkraut
Fig. 32). Auch ſonſt bietet die Blumenkrone den Inſekten
gewöhnlich einen recht bequemen Eingang, wie z. B. die der
Lippenblütler.

Die Blumenkrone kann auch hin und wieder eine andre
Aufgabe übernehmen, vor allem die Sammlung und Auf=
ſpeicherung des Honigs. Dazu haben manche Blumenkronen
eine ſpornartige Verlängerung (Knabenkraut, Veilchen); oft
aber iſt auch das ganze Blatt in ein Nektarium oder Honig=
gefäß umgewandelt (Nießwurz).

Die Aufgabe der Blütenhülle wird ab und zu von andern
Blattorganen geleiſtet oder doch wenigſtens unterſtützt. So
giebt es Pflanzen, die einen ſogenannten Außenkelch beſitzen
(Thunbergia Fig. 28, Malven und Roſengewächſe): es ſind
dies Hochblätter, die dem Kelch ſehr nahe ſitzen und ſogar
blumenblattartig werden können. Auch Hochblätter des Blüten=
ſtands können mit zum Lockapparat hinzugezogen werden.
Andererſeits können auch Nebenblattbildungen der Blütenteile
zur Verſtärkung der Blütenhülle dienen; man nennt derartige
Gebilde Nebenkronen (Narziſſe).

γ. Die Staubblätter.

Man bezeichnet die Geſamtheit der Staubblätter oder
der männlichen Sporophylle als Androeceum. Ihre Zahl
iſt verſchieden, aber ſo konſtant, daß Linné auf ſie ſein künſt=
liches Syſtem aufbaute. Man unterſcheidet den Stiel
des Staubblatts als Filament oder Staubfaden von
dem oberen keulenförmigen Teil, der Anthere oder dem
Staubbeutel. Der Staubfaden kann als der unweſent=

liche Teil fehlen; er ist aber doch meist vorhanden, um die Staubbeutel in die rechte Lage zu bringen. Die Staubbeutel bestehen aus zwei Hälften, und jede ist wieder durch eine Furche in zwei Teile geteilt; dies entspricht dem inneren Bau. Beim Durchschneiden eines Staubblatts erkennt man 4 Fächer, die sog. Pollensäcke (Mikrosporangien); im reifen Staubblatt sitzt in diesen Säcken ein feiner Staub, der Pollen= oder Blütenstaub (Mikrosporen), der aus lauter kleinen, einzelnen Zellen von beiden verschiedenen Arten sehr ver= schiedener Gestalt besteht; meist aber hat die Oberfläche Höcker, Warzen, Stacheln usw. Ihre Membran zerfällt in zwei Teile: die Intine und die Exine. Die beiden Pollensäcke werden durch

das Konnektiv ver= bunden. In allen diesen Verhältnissen herrscht eine derartige Verschiedenheit, daß man sie zur systemati= schen Artenabgrenz= ung benutzen kann.

Hin und wieder werden Staubblätter unfruchtbar, d. h. sie erzeugen keinen Pollen; zum Teil schrumpfen sie in diesem Fall ein, werden also völlig re= duziert, zum Teil bleiben sie jedoch und nehmen eine andere

Fig. 33.
Staubblattformen.
a) Salpiglossis, typische Anthere; b) Petunia hybrida, mit abstehenden Antheren; c) Calluna vulgaris, mit schwanzförmigen Anhängen an den Antheren; d) Maurandia, mit vertikalen Antheren und Verdickung (v) am Ende des Filaments; e) mit senkrecht stehenden Antheren und an der Spitze verdünntem Filament; f) Viola tricolor, mit Verlängerung des Filaments (a) und sporn= artigem Anhängsel (sp); g) Thunbergia alata, mit Knopfhaaren; h) Lobelia erinus, verwachsene Staubfäden, b Blütenboden, v verwachsener Teil der Staubfäden, f freier Teil, p Pollen; i) Lu= pinus, mit dem unteren Teil (r) der Staubfäden verwachsene Staubblätter; in allen 9 Figuren be= zeichnet f den Staubfaden (Filament) und a den Staubbeutel (Anthere).

Geſtalt und Aufgabe an; ſie werden zu „Staminodien", die oft drüſenartig beſchaffen ſind.

Die Staubgefäße können frei oder unter ſich in mehrere Bündel verwachſen ſein (ſ. die Klaſſen Linnés): bei den Kompoſiten (Fig. 32, b) ſind nur die Staubbeutel, und zwar zu einer Röhre, verwachſen, während die Staubfäden frei ſind; ſelbſt mit Teilen des Stempels kann der Staubbeutel ver= wachſen (Orchideen).

Die Pollenſäcke öffnen ſich bei der Reife des Pollens, indem ſich gewiſſe unter der Oberhaut gelegene Zellen mit Verdickungsleiſten beim Austrocknen zuſammenziehen.

δ. Der Stempel.

Als Stempel oder Piſtill (Fig. 34) bezeichnet man das einzelne Fruchtblatt (Sporo= phyll, Carpell); die Geſamtheit aller Fruchtblätter führt den Namen „Gynoeceum". Die Meta= morphoſe des Blattes iſt an ihm leichter zu erkennen als am Staub= blatt. Denkt man ſich, daß ſich ein Blatt an ſeiner Hauptader einſchlägt, mit den Rändern zuſammengelegt und dort verwächſt (Bauchnaht), ſo entſteht dadurch eine Höh= lung, die einfachſte Form eines Stempels. In ausgebildeter Ge= ſtalt unterſcheidet man an ihm drei Teile, nämlich Fruchtknoten, Griffel und Narbe; er iſt dann gut mit einer Flaſche zu vergleichen: ihr bauchiger Teil entſpricht dem

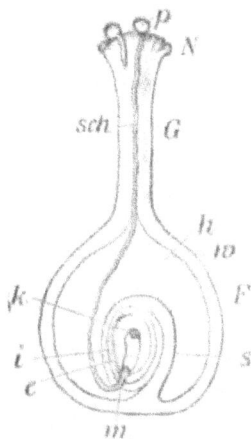

Fig. 84.
Typiſcher Stempel, ſche=
matiſiert. F Fruchtknoten,
G Griffel, N Narbe, w Wand des
Fruchtknotens, h Höhle desſelben,
s Samenknoſpe, i Integumente, m
Mikropyle, k Knoſpenkern, e Em=
bryoſack, sch Pollenſchlauch, p
Pollenkorn.

Fruchtknoten, ihr Hals den Griffel, und der Kork der Narbe. Die Blattnatur des Stempels ist besonders bei den Schmetter= lingsblütlern, (z. B. Erbse) recht deutlich. Gewöhnlich haben die Pflanzen mehrere Fruchtblätter, die entweder frei bleiben (wie bei den Hahnenfußgewächsen, z. B. Anemone) oder mit einander verwachsen, sei es nun, daß die Fruchtknoten allein oder auch die anderen Teile verwachsen; oft ist dann die Ver= wachsung nicht mehr zu erkennen; die Fruchtblätter bilden vielmehr ein einheitliches oder mehrfächeriges Gebilde. Beides kann bei ober= und unterständigen Stempeln eintreten.

In den Fruchtknoten finden sich bestimmte Stellen Pla = centen genannt (Fig. 35, b und 37, b), an denen die wich= tigsten Teile des Stempels, die Samenknospen (Makro= sporangien), sitzen. Bei einfachen Fruchtblättern ist die Bauch= naht die Placenta, bei zusammengesetzten sind die Verhält= nisse verschieden. Die Ausdrücke zentralwinkelständige (Lilie) und wandständige Placentation (Mohn) erklären sich von selbst. Bei freier Placenta (Primel) sitzen die Samenknospen auf einem Säulchen, das sich frei in der Fruchtknotenhöhle erhebt; endlich kann es vorkommen, daß nur eine einzige Samenknospe vorhanden ist, die im Grunde des Fruchtknotens sitzt (Knöterich).

Die Samenknospe ist das Gebilde, aus welchem der Same entsteht. Ist ein Stiel vorhanden, so heißt derselbe Nabelstrang (Funiculus); die Stelle, wo die Samenknospe an diesem oder an der Placenta angeheftet ist, wird Nabel genannt (an der Erbse deutlich). Der Hauptteil der Samen= knospe ist der Knospenkern (Nucellus); er besitzt gewöhnlich eine oder zwei Hüllen (Integumente), welche auf dem Scheitel eine feine Oeffnung, die Mikropyle, lassen. Im Knospenkern zeigt sich schon früh eine große Zelle, der Em=

bryosack (Makrospore), und am Scheitel desselben erkennt man mehrere (3) Zellen, von denen die innerste die Eizelle ist. — Die Samenanlage ist entweder gerade, und Nabel und Mikropyle liegen einander gegenüber (atrope Samen= knospe), oder sie ist gegenläufig (anatrop), wenn die gegen= seitige Lage von Nabel und Mikropyle zwar ebenso, aber die

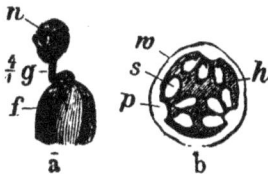

Fig. 35.
Viola tricolor, Stiefmütterchen,
Pistill, a) Ansicht, b) Querschnitt; f Frucht=
knoten, g Griffel, n knopfige hohle Narbe, w
Fruchtknotenwand, h Fruchtknotenhöhle, p
Placenta, s Samenknospe.

Fig. 86.
Cardiospermum ha=
licacabum, griffel=
loser Fruchtknoten.
f Fruchtknoten, n dreiteilige
fleischige haarige Narbe.

ganze Samenknospe am Nabel gekrümmt und dem Nabel= strang angewachsen ist. Endlich spricht man von krumm= läufiger (kampylotroper) Samenknospe, wenn sie selbst gekrümmt ist, so daß Nabel und Mikropyle nicht gegenüber, sondern nebeneinander liegen.

Die Frage nach der morphologischen Bedeutung der Samenknospe ist noch immer eine strittige, denn man ist sich noch nicht klar darüber, ob sie ein Knospen= oder ein Blatt= gebilde ist; es scheint aber, als ob die zweite Ansicht die richtigere wäre.

Der zweite Teil des Stempels, der Griffel, stellt einen meist mit lockerem Gewebe angefüllten Kanal dar, der auch ebenso gut fehlen kann, manchmal verzweigt oder geteilt ist (Fig. 37) und nach Länge und Dicke sehr verschieden sein kann.

Der dritte Teil, die N a r b e, ist hingegen wesentlicher. Sie ist gewöhnlich knopfförmig einfach, kann aber auch geteilt und anders gestaltet sein (Fig. 35—38). Gewöhnlich ist sie mit Warzen besetzt und obendrein klebrig und schleimig, was mit ihrer biologischen Bedeutung zusammenhängt. Zuweilen besitzt sie Sammelapparate für den Pollen, seien es nun Bürsten= oder Becher= oder Schirmbildungen (Fig. 38, c, e, h).

Der Zweck der Staub= und Fruchtblätter ist die Be= fruchtung. Dieselbe geschieht durch Verschmelzung eines Teils des Polleninhalts mit der Eizelle. Das Pollenkorn gelangt, gewöhnlich von Insekten getragen (daher der Honig und die Lockapparate, auf die Narbe, haftet hier vermöge seiner warzigen Beschaffenheit, die es mit der Narbe teilt, und treibt, von dem Narben= sekret angeregt, einen Schlauch, der das Leitgewebe des Griffels durchwächst und endlich zur Eizelle gelangt.

Fig. 37.
Hypericum perfora=
tum, Hartheu; Pistill,
a Ansicht, c Querschnitt.

Die hier geschilderten Verhältnisse gelten für die sog. Angiospermen (bedecktsamige Pflanzen), diese besitzen einen Fruchtknoten mit geschlossener Höhle. Anders dagegen die Gymnospermen (nacktsamige Pflanzen): hier schließen sich die Fruchtblätter nicht zu einem Gehäuse, sondern sie bleiben offen und mehr blattförmig, schuppig; später stellen sie oder vielmehr ein Teil derselben die bekannten Schuppen der Tannen= und Kieferzapfen dar.

9. Die Frucht.

Das Ergebnis der Befruchtung ist die Entstehung von F r u c h t u n d S a m e n. Die Frucht ist das, was durch Um=

wandlung des Fruchtknotens entsteht, der Same das, was aus der Samenknospe hervorgeht.

Die Veränderungen, welche mit der Befruchtung eintreten, sind aber so tiefgehende, daß sie oft noch andere Blütenteile in ihren Bereich ziehen. So können sich Hochblätter sogar zur Fruchthülle umbilden (Becher der Kupuliferen: Eiche, Buche, Hasel). Wenn der Blütenboden daran teilnimmt, so entstehen die unten zu besprechenden Scheinfrüchte.

Der Fruchtknoten erfährt die weitgehendste Umänderung. Griffel und Narbe haben nach erfolgter Befruchtung ihre Schuldigkeit gethan, und können daher abfallen. Nur selten bildet sich der Griffel als Flugorgan aus (einige Nelkenwurzarten), bei den Storchschnabelarten bildet er einen Bohrapparat (s. unten).

Die Zahl der Früchte richtet sich natürlich nach der Zahl der Fruchtknoten. Das Fruchtgehäuse, welches bei den echten Früchten aus der Wand des Fruchtknotens hervorgeht, läßt in der Regel drei Schichten erkennen, nach deren verschiedener Ausbildung man die Früchte einteilen kann.

Fig. 38.

Griffel- und Narbenformen. a) Convolvulus, einfache knopfförmige Narbe mit Pollenkörnern; b) Salpiglossis nach oben verbreiteter Griffel; c) Lobelia erinus, unter der Narbe mit Bürste (b); d) Begonia, gewundene Narbe; e) Thunbergia alata, Griffel mit Sammelbecher; f) Valeriana officinalis mit breiteiliger Narbe; g) Scirpus, zweiteilige Narbe mit stacheliger Oberfläche: h) Sarothamnus scoparius, spiralig gerollter Griffel mit Sammelbürste am Ende; bei a, b und c bedeutet g Griffel und n Narbe.

Man unterscheidet zunächst echte Früchte und Scheinfrüchte; erstere gehen nur aus dem Fruchtknoten, letztere auch aus anderen Blütenteilen hervor. Die echten Früchte heißen Saftfrüchte, wenn ihre Wand saftig ist, Trocken = früchte, wenn sie trockenhäutig, ledern oder holzig ist. Die letzteren wieder sind entweder Schließ=, oder Spring=, oder Spalt= früchte. Bei den Schließfrüchten öffnet sich die Hülle erst bei der Keimung; dahin gehört z. B. die Grasfrucht (Karyopse),

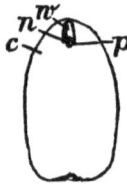

Fig. 39.

Quercus, Eiche, Frucht(Nuß). a) Ansicht, b) Längsschnitt; c Kotylebon, oben liegt der Keim= ling, baran w Würzelchen, p Plumula, n Narbe des zweiten Kotylebons.

Fig. 40.

Diplotaxis tenu= ifolia, Rampe, Schotenfrucht.

bei welcher die Hülle mit dem Samen verwächst, die Nuß (der Eiche (Fig. 39) und Haselnuß), bei welcher die Hülle besonders hart ist, und die Flügelfrucht (Ahorn), bei welcher die Fruchthülle eine flügelartige Erweiterung hat. — Die Springfrüchte entlassen die Samen bei der Reife, indem sie an irgend einer Stelle aufspringen oder sonst Oeffnungen er= halten. Springt die Frucht an der Bauchnaht auf, so ist es eine Balgfrucht (Päonie); springt sie in zwei Klappen ohne Scheidewand auf, so nennt man sie Hülse (Schmetter= lingsblütler (z. B. Erbse); hat sie aber dabei eine Scheidewand, Schote (Fig. 40, Kreuzblütler: Hirtentäschel). In allen andern Fällen spricht man einfach von Kapsel; diese kann mit Zähnen aufspringen (Kornrabe), oder mit Löchern (Mohn), ober mit einem Deckel (Ackergauchheil). — Die **Spaltfrucht** (Fig. 41 und 42) teilt sich in der Reife in mehrere Teile, die an sich gewöhnlich Schließfrüchte sind (Doldenpflanzen); oft ist die Frucht schon vorher dafür gegliedert (Gliederschote des Hederich).

Fig. 41.
Malva rotundifo,
Malve. a) Kelch mit Spaltfrucht, b) einzelne Teilfrucht; ak Außenkelch, k Kelch, fr Früchte.

Fig. 42.
Heracleum sphondylium,
Bärenklau, Spaltfrucht.
a die beiden Teilfrüchte, b gemein-
samer Stiel der beiden Früchte,
c Griffel, d Diskus.

Die **Saftfrüchte** springen gewöhnlich nicht auf; einige Gurken platzen zur Zeit der Reife schon bei bloßer Berührung und streuen, indem sie aufspringen, ihre Samen weithin aus. Die gewöhnlichen Saftfrüchte kann man als **Stein=** und **Beerenfrüchte** unterscheiden. Bei den ersteren ist die innerste Fruchtschicht zu einem steinharten Gewebe geworden, während die beiden äußeren saftig sind (Pfirsich, Fig. 43, und Kirsche); die **Steinfrüchte** enthalten nur je einen Samen. Die **Beerenfrüchte** haben mehrere Samen und die innere Fruchtschicht ist nicht steinhart (Johannisbeere, Heidelbeere, Nachtschatten, Fig. 44).

Wenn außer dem Fruchtknoten noch andere Blütenteile an der Fruchtbildung teilnehmen, so nennt man die Frucht,

wie gesagt, eine Scheinfrucht. So wird z. B. bei der
Erdbeere der Blütenboden fleischig, während die kleinen Früchte
in diesem Fruchtfleisch eingebettet sind und mit ihren Spitzen
daraus hervorsehen. Bei der Feige ist es sogar ein ganzer
Blütenstand, dessen Achse fleischig wird. Bei der Apfelfrucht
wird der mit den Fruchtknoten verwachsende becherförmige
Blütenboden fleischig. In diesen Fällen kann man übrigens
ebenso gut von Sammelfrüchten reden, worunter man Früchte

Fig. 43.
Persica vulgaris, Pfirsich,
Steinfrucht.

Fig. 44.
Solanum nigrum,
Nachtschatten, Beere.
a Flächenansicht, b Querschnitt.

versteht, die durch Vereinigung der Früchte einer Blüte entstehen. Eine derartige Sammelfrucht ist z. B. auch die
Frucht der Brombeere (Fig. 45), deren einzelne Fruchtknoten
Steinfrüchtchen darstellen und die sich zusammenhängend von
dem kegelförmigen Fruchtboden abheben läßt.

Die biologische Bedeutung der Frucht ist einleuchtend.
Sie soll den heranwachsenden Samen schützen und, wenn er
reif ist, zu seiner Verbreitung beitragen. Das erstere wird
erreicht, indem die Wand möglichst stark wird und oft mit
Stacheln und Dornen versehen ist, wodurch sie vor Angriffen von
Tieren gesichert ist (Stechapfel). Vor diesen schützen sich die
Früchte auch durch bittere oder saure oder sonstwie unangenehme

Beschaffenheit der fleischigen Schicht (Wallnuß, unreife Kirschen).
Bei Schließfrüchten bietet die harte, feste Schale während der
kalten Jahreszeit auch einen willkommenen Schutz gegen Kälte
und Nässe. Andererseits sollen die Früchte zur Verbreitung
der Samen beitragen. Wenn die Samen der Mutterpflanze
alle um diese herum in ihrer nächsten Umgebung ausgestreut
würden, so leuchtet ein, daß sie beim Keimen und Aufwachsen
sich hier gegenseitig hindern würden; sie
werden sich Boden, Luft und Licht gegen=
seitig nehmen, und daher werden alle oder
die meisten schwach und elend bleiben. Es
muß also für die Erhaltung der Art von
ganz besonderer Bedeutung sein, daß sich
ihre Samen und Nachkommen möglichst weit
von der Mutterpflanze entfernt ansiedeln.

Fig. 45.
Rubus fruticosus,
Brombeere, Sam-
melfrucht. k Kelch,
st vertrocknete Staub-
gefäße, fr Früchte,
g Griffel derselben

Die solches bewirkenden Einrichtungen
an Früchten und Samen bieten wieder
ein anziehendes Bild aus dem Leben
der Natur. Oft hilft sich die Pflanze hierbei selbst. Das
ist bei allen Springfrüchten der Fall, besonders dann, wenn
dieselben Vorrichtungen haben, die man als Schleuder=
werke bezeichnen kann, weil sie durch allerhand mechanische
Mittel die Samen weit fortschleudern. Das schönste und be=
kannteste Beispiel liefert die Pflanze Rühr=mich=nicht=an (Impa-
tiens). Durch Trockenwerden ziehen sich bestimmte Gewebe zu=
sammen und die Wände krümmen sich dergestalt, daß der Samen
weit fortgeschleudert wird. Bemerkenswert ist das Beispiel von
der Flockenblume (Fig. 46 und 47); hier öffnet sich der Hüll=
kelch des Fruchtstandes bei trockenem Wetter und streut dann
die in ihm enthaltenen Früchte aus. In anderen Fällen be=
dient sich die Pflanze anderer Kräfte, nämlich des Windes

oder der Tiere. Oft find die Samen fo leicht, daß ein Windstoß fie aus der Kapfel entführt, befonders wenn der Same obendrein noch Flugvorrichtungen befitzt. Solche Flugorgane können fehr mannigfach fein. Es können

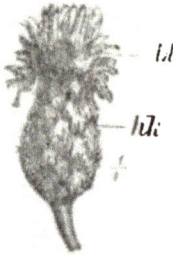

Fig. 46.
Centaurea scabiosa, Flockenblume, gefchloffenes Fruchtkörbchen.
hk Hüllkelchblätter, bl Blütenrefte (im Innern die Früchte).

Fig. 47.
Diefelbe, geöffnetes Frucht- körbchen.
Die Hüllkelchblätter find ausgebreitet, die Früchte find ausgeftreut, in der Mitte fieht man den grubigen Fruchtboden.

flügelartige Bildungen fein (Ahorn) oder Fallfchirme (Kupula der Hainbuche, Haarkelch der Kompofiten Fig. 48); dies find dann aber meift Bildungen der Hochblätter oder der Blüten= hülle; endlich kann das Flugvermögen auf federartiger Be= fchaffenheit des Griffels beruhen (Clematis).

Fig. 48.
Sonchus olera- ceus, Saudiftel mit Pappus, d. i. zu Haaren ausgewachfener Kelch, Flugorgan.

Sehr verbreitet ift es, daß Tiere Transportmittel für die Früchte find, wobei man wieder zwei Fälle zu unterfcheiden hat. Oft gefchieht die Beförderung rein mechanifch, die Früchte befitzen dann allerhand Stacheln, Borften und Wider= haken, mit denen fie fich im Fell vor= überftreifender Tiere befeftigen und manch= mal bis ins Fleifch einbohren (Gräfer, Labkraut, Odermennig Fig. 49); manchmal

besitzen die Früchte auch Klebstoffe, mit denen sie sich an
Tiere heften. Besonders merkwürdig aber ist der zweite Fall,
wenn die Früchte die Tiere anlocken, indem sie ihnen Genuß=
mittel liefern und das ist der Fall bei jenen Saftfrüchten die
neben der wässrigen Flüssigkeit in ihrer saftigen Fruchtschale
Zucker und aromatische Stoffe enthalten, wodurch sie sogar für
die Menschen zum Lockmittel werden. Derartige Früchte werden
oft von Tieren weit verschleppt und dann aufgefressen, die
hartschaligen Teile dagegen werden zurückgelassen. Kleinere
Früchte werden auch oft mitsamt den Samen gefressen, die
dann den Verdauungskanal unbehindert durchwandern, da sie
gewöhnlich mit einer harten Schale versehen sind, die den auf=
lösenden Säften in Magen und Darm widersteht.

Im Anschluß an das Gesagte sei noch kurz erwähnt,
wie die Pflanzen oft ihre Früchte mit Vorrichtungen aus=
statten, durch die sie befähigt sind, sich in den Boden einzu=
bohren; manche besitzen dazu einfache Stacheln mit Wider=
haken; so hält sich z. B. die Wassernuß
im Schlammboden fest. Andere besitzen
an der Frucht eine lange hygroskopische,
d. h. für die Feuchtigkeit der Luft em=
pfindliche Borste, welche sich bei Feuchtig=
keit ausdehnt, bei Trockenheit zusammen=
zieht und so allgemach in den Erdboden
einschiebt (Storchschnabel).

Fig. 49.
Agrimonia eupa-
toria Ober=
menning, Frucht mit
Widerhaken.

10. Der Same.

Wir haben schon gesehen, daß der Same infolge der
Befruchtung sich aus der Samenknospe bildet. — Er besteht
aus einer Schale, die aus den Hüllen der Samenknospe

entsteht, und aus dem Keimling (Embryo), der aus der
Eizelle im Embryosack hervorgeht; außerdem befindet sich neben
dem Keimling oft noch ein Nährgewebe, welches man Samen=
eiweiß oder Endosperm nennt.

Der Keimling ist natürlich der wichtigste Teil des
Samens. Er besteht aus einem, zwei oder mehreren Samen=
lappen (Kotyledonen), dem Knöspchen und dem
Würzelchen. Das ganze Gebilde entsteht nach der Be=
fruchtung aus der Eizelle, indem dieselbe sich fortgesetzt teilt
und dadurch endlich jenes zusammengesetzte Pflänzchen im
Kleinen bildet, welches schon alle Teile der jungen Pflanze
an sich erkennen läßt.

Die Samenschale richtet sich in ihrer Ausbildung nach
dem, was sie zu leisten hat. Wenn die Frucht eine starke
und bleibende Hülle hat, so ist die Samenschale nicht un=
nötiger Weise auch noch stark, sondern dünn und häutig, wie
bei der Eichel und Walnuß. Bei Spring= und Saftfrüchten
dagegen bedarf der Keimling nach Verlassen der Frucht eines
weiteren Schutzes, den ihm dann eine festgebaute, lederige
(Bohne) oder steinharte (Wein) Schale angedeihen läßt. Eine
besondere Eigenart zeigen die Samen des Leins und anderer
Pflanzen, indem die äußeren Zellen derselben beim Feucht=
werden verschleimen. Nicht selten besitzen nicht die Früchte,
sondern die Samen Vorrichtungen zum Fliegen, bei der Kiefer
in Gestalt von flügelartigen Anhängen, bei den Weidearten
und dem Weidenröschen als Haarschopf. Ja, auch an Genuß=
mitteln fehlt es am Samen nicht gänzlich; man kann dahin
wohl den Arillus rechnen. b. h. einen fleischigen Mantel,
welcher den Samen von unten her umwächst und umgiebt
(Eibe, Muskatnuß).

Für die Systematik ist das Vorhandensein und Fehlen des S a m e n e i w e i ß e s besonders wichtig; natürlich hat dies aber vor allem seinen physiologischen Zweck. Wir haben schon gesehen, daß die Samenlappen gewöhnlich reich an Reserve= stoffen, vor allem an Stärke, sind, und daß diese dann zur Ernährung der jungen Pflanze dienen. Auch sahen wir schon, daß in anderen Fällen die Samenlappen vom Eiweiß vertreten werden. Dieses Sameneiweiß ist ein Parenchymgewebe, welches Protoplasma, Oel oder Stärke enthält und den Raum zwischen Keimling und Samenschale ausfüllt; es entsteht ge= wöhnlich aus dem Embryosack, seltener nehmen noch andere Zellen des Knospenkerns an seiner Bildung teil. Nach seiner Beschaffenheit nennt man es mehlig, ölig, fleischig oder hornartig.

Der K e i m l i n g liegt entweder mitten im Sameneiweiß oder nicht; auch an seiner Außenseite kann er liegen. Er ist gerade oder gekrümmt. Die Beschaffenheit seiner Teile haben wir schon erörtert, ebenso ihre Bedeutung.

III. Vom Leben der Pflanze.

Die Pflanze ist an die Scholle gebunden, sagt man; sie klammert sich mit ihren Wurzeln an die Unterlage und sendet ihren Stengel samt Blättern und Blüten dem Licht und der Luft entgegen. Läßt man ein Pflänzlein ungestört sein Leben abwickeln, so erkennt man, daß es aus gar kleinen Anfängen beginnt; dann wächst es, wie von unsichtbarer Hand gepflegt, entwickelt sich mehr und mehr zu einem selbständigen Wesen und bildet Blüten, in deren geheimnisvollem Schoß

ein oder viele neue Wesen derselben Art als im Verhältnis
zur erwachsenen Pflanze winzige Samen entstehen.

Das Leben der Pflanze zeigt also vor allem zwei wesent=
liche Vorgänge: Wachstum und Entwicklung einerseits
und Fortpflanzung andererseits. Fragen wir uns aber,
wie denn beides ermöglicht wird, so müssen wir als den
eigentlichen Grundvorgang alles Pflanzenlebens die Ernäh=
rung auffassen.

1. Die Ernährung.

Die Ernährung der Pflanzen (wir sprechen dabei von
den selbständigen Pflanzen, nicht von Parasiten) ist eine wesent=
lich andere als bei den Tieren. Sie zeichnet sich dadurch
aus, daß bei ihr aus den Stoffen, welche die leblose Außen=
welt der Pflanze bietet, in ihrem Innern Stoffe gebraut
werden, welche denjenigen ähnlich sind, die den Pflanzenleib
zusammensetzen; daher heißt dieser Vorgang, Aehnlichmachung
oder Assimilation. Ist dieser Vorgang etwas so Außer=
gewöhnliches, so werden auch die Mittel außergewöhnlich, d. h.
anders sein, als bei dem Tiere; die Nahrung selbst ist anders
geartet, also auch die Aufnahme und die Organe der Ver=
arbeitung.

a) Die Nahrungsmittel.

Von unserem Standpunkt aus ist die Pflanze äußerst
genügsam; denn sie ist zufrieden, wenn ihr die Luft Kohlen=
säure und der Erdboden Wasser liefert. Das Regenwasser,
welches durch die Erde sickert, nimmt aber aus ihr mancherlei
lösliche Salze auf und bringt sie mit in die Pflanze, und damit
ist deren Küchenzettel so ziemlich erschöpft. Untersuchen wir
aber die Nahrungsbedürfnisse der Pflanzen etwas näher, so

erkennen wir, daß sie doch ganz bestimmte chemische Grund=
stoffe nötig hat, dieselben natürlich, die ihren Körper zu=
sammensetzen. Da nun aber die chemische Zusammensetzung
der verschiedenen Pflanzen eine durchaus verschiedene, für
jede Art aber eigertümliche ist, so läßt sich von vornherein
annehmen, daß auch die Ansprüche, welche die verschiedenen
Pflanzen an den Boden stellen, verschieden sein werden; das
bezieht sich in erster Linie auf die Art und Menge der mit
dem Wasser aufgenommenen Salze, während alle Pflanzen
Wasser und Kohlensäure in gleicher Weise nötig haben.

Die chemischen Grundstoffe, welche den Pflanzen=
körper aufbauen, sind vor allem: Kohlenstoff, Wasserstoff,
Sauerstoff und Stickstoff; dazu kommen noch Schwefel und
Phosphor, sowie einige Metalle: Kalium, Calcium, Magnesium
und Eisen; sehr weit verbreitet ist endlich Silicium. Welche
Rolle diese Grundstoffe in der Pflanze spielen, ist noch keines=
wegs für alle festgestellt; Silicium ist jedenfalls nicht von
so großer Bedeutung; die anderen dürfen nicht fehlen.

Die Pflanze nimmt nun aber diese Grundstoffe nicht
etwa als solche in sich auf, sondern als Verbindungen, d. h.
chemisch verbunden mit anderen Grundstoffen. Die Herkunft
der drei ersten ist sehr klar: Kohlensäure besteht aus Kohlenstoff
und Sauerstoff, Wasser aus Wasserstoff und Sauerstoff. Stick=
stoff ist in einem Salz, dem Salpeter, weit verbreitet und
kommt außerdem in großen Mengen in der Luft vor ($^4/_5$ der
Luft). Versuche haben aber festgestellt, daß dieser Stickstoff
der Luft für die meisten Pflanzen mit Ausnahme der Legu=
minosen eine verschlossene Quelle ist. Die genannten Metalle,
sowie Schwefel und Phosphor kommen in Form von Salzen
in die Pflanzen, besonders als salpetersaure, schwefelsaure und
phosphorsaure Salze.

Daß wirklich nur diese Salze nebst Wasser und Kohlen=
säure der Luft zur Ernährung der Pflanzen nötig sind, aber
auch genügen, das zeigen sogenannte Wasserkulturen.
Man läßt Samen von Mais oder Erbsen oder Bohnen in
sorgsam gereinigten, feuchten Sägespänen keimen und setzt sie,
wenn ihre Wurzeln einigermaßen kräftig, d. h. 3—4 cm lang
sind, wohl gereinigt mittelst einen durchbohrten Korks in einen
Cylinder mit einer Nährlösung, die man sich durch Auflösung
von 1 Gr. salpetersaurem Kali und je ¹/₀ Gr. schwefelsaurem
Kalk, schwefelsaurer Magnesia und phosphorsaurem Kalk in
1 Liter destillierten Wassers herstellt. Bringt man diese Vor=
richtung, die man vorteilhaft mit einer dunkeln Papphülse
umgiebt (damit sich am Glas keine Algen ansetzen), ins Sonnen=
licht, so gedeiht die Pflanze vortrefflich, bis sie nach einiger
Zeit gelbliche Blätter bekommt; ein sehr geringer Zusatz einer
Eisensalzlösung macht die Blätter wieder normal.

Wenn der Boden die genannten Stoffe nicht enthält, so
kann die Pflanze nicht gedeihen; daraus erklärt sich vieles in
der Verteilung der Pflanzen. Auch haben manche Pflanzen
von diesem oder jenem Stoff mehr nötig als andere; so giebt
es z. B. Pflanzen, die ein besonderes Bedürfnis nach Koch=
salz haben und daher gern an Küsten und in der Nähe von
Salinen wachsen.

b) Die Ernährungsorgane und die Nahrungsaufnahme.

Es muß dem Unbefangenen rätselhaft erscheinen, wie die
Pflanze ihre Nahrung aufnimmt. Denn er sieht keinerlei
Oeffnungen an ihr wie beim Tiere.

Was für Organe der Pflanze umspült denn nun die
Luft und das Wasser der Erde? Die Pflanze streckt ihre
Blätter in die Luft und senkt ihre Wurzeln in das feuchte

Erdreich. Beide stellen in der That ihre Ernährungsorgane dar, oder richtiger: die Organe zur Aufnahme der Nahrung. Die Blätter besitzen, wie wir schon sahen, sogenannte Spalt= öffnungen, durch welche die Luft samt der Kohlensäure in das Innere des Blattes tritt. Die Wurzeln besitzen an ihren Spitzen sehr feine Schläuche, die uns schon bekannten Wurzel= haare, die, ohne eine Oeffnung zu besitzen, das Wasser aus der Erde aufsaugen. Dabei ist es auffallend, daß dies noch vor sich geht, auch wenn unser Auge und Gefühl gar kein Wasser mehr im Boden erkennen kann, was zum guten Teil daher kommt, daß diese feinen Haare mit den Sandkörnchen des Bodens geradezu verwachsen: wenn man ein junges Pflänzchen aus dem Boden herauszieht, so erscheinen seine Wurzeln wie mit einem Mantel von Erde umgeben. Nach dem Diffusionsgesetze aber vermag Wasser mit den in ihm gelösten Salzen durch eine tierische oder pflanzliche Haut hin= durchzubringen.

Die Wurzeln sind nun aber nur die Aufnahmeorgane des Wassers; seine Verbrauchsorte hingegen sind hoch oben im Licht die Blätter und die Stellen, wo die Pflanze wächst; dorthin muß es also geleitet werden. Die zweite wichtige, mit der Ernährung eng zusammenhängende Frage ist also die nach der Leitung des Wassers.

Wir haben schon erörtert, daß die Pflanze von Gefäß= bündeln durchzogen ist und daß diese die Leitbahnen für Wasser und andere Stoffe darstellen; und zwar sind es die verholzten Zellwände, welche die eigentümliche Eigenschaft besitzen, das Wasser schnell in sich fortzuleiten; das übrige Gewebe ist zwar auch zur Aufnahme und Leitung des Wassers befähigt, allein nie in dem Grade wie die verholzten Zellen. Die Frage nach dem Ort der Wasserleitung ist freilich noch nicht

völlig erledigt, man neigt aber zu der eben gegebenen Ant=
wort. — Die andere Frage, durch welche Kräfte das
Waſſer in der Pflanze gehoben wird, iſt auch nicht endgültig
gelöſt. Man hat die Kapillarität (Haarröhrchenanziehung) her=
angezogen, und gewiß wirken die feinen Gefäße wie Haar=
röhrchen; allein das Waſſer wird ja mehr in den Wänden
geleitet. Auch weiß man, daß die Saughaare an den Wurzeln
das Waſſer ihrer Umgebung mit großer Kraft aufſaugen und
daß das Waſſer dann in die Höhe getrieben wird, ſo daß es
an einer Schnittfläche des Stammes hervorquillt eine Erſchein=
ung, die man als das Thränen, z. B. der Weinſtöcke, be=
zeichnet; man nennt dieſe Kraft den Wurzeldruck. Allein
auch er vermag das Aufſteigen des Waſſers nicht völlig zu
erklären, zumal da er das Waſſer nicht ſo hoch heben kann.
Es ſcheinen hierbei mehrere Kräfte zuſammenzuwirken.

Noch eine andere Erſcheinung ſteht offenbar in wichtigem
Zuſammenhang mit der Waſſerleitung, das iſt die Waſſer=
verdunſtung oder Tranſpiration. Die Blätter geben
fortwährend an ihrer Oberfläche dampfförmiges Waſſer ab —
das kann man leicht beobachten, wenn man eine Blattpflanze
an ein von außen abgekühltes Fenſter ſtellt, ſo daß ihre Blätter
das Glas berühren. Durch dieſe Waſſerabgabe wird die Löſung
der verſchiedenen Stoffe in den Pflanzenzellen konzentrierter.
Da nun aber zwiſchen benachbarten Zellen das Beſtreben
herrſcht, das Gleichgewicht im Grade der Konzentration ihres
Zellſaftes wiederherzuſtellen, ſo geht daraus hervor, daß von
Zelle zu Zelle eine Waſſerwanderung ſtattfinden muß, die
endlich am untern Ende der Pflanze eine Waſſeraufnahme
aus dem Boden veranlaßt; ein völliges Gleichgewicht aber
wird dadurch nicht hergeſtellt, weil ja durch die Tranſpiration
ſofort wieder Waſſer abgegeben wird. Dieſe Erſcheinung iſt

sicherlich eine der Haupturfachen für die Emporleitung des Wassers in der Pflanze.

Wir haben gesehen, daß man in dem Grundgewebe des Blattes zwei Schichten erkennen kann, die **Pallisadenschicht** und das **Schwammparenchym**. Die Pallisadenschicht ist das **Ernährungsgewebe**, das Schwammparenchym ein **Transpirationsgewebe**, das ein weites System von Luftkanälen darstellt und in direkter Verbindung mit der **Atemhöhle** steht, dem Raum unter den Spaltöffnungen, die auf der Seite des Schwammparenchyms und nicht etwa des Pallisadenparenchyms liegen. Der Mechanismus ist nun einfach: wenn das Kanalsystem des Schwammparenchyms mit Wasserdampf aus den umgebenden Zellen angefüllt ist, so wird dieser durch die nun sich erweiternde Spaltöffnung herausgelassen; ist dagegen kein Ueberfluß an Wasserdampf vorhanden, so schließen sich die Spaltöffnungszellen. Transpiration und Wurzeldruck werden sich nun entgegenkommen und gemeinsam den aufsteigenden Strom des mit Nährsalzen versehenen Wassers veranlassen. Es muß aber auch zu Zeiten der Wurzeldruck allein genügen, um den Strom zu veranlassen, so z. B. im Frühjahr, wenn noch keine ausdünstenden Blätter vorhanden sind. Thatsächlich ist dann der Saftstrom auch ein besonders kräftiger. — Nach dem Gesagten ist nun aber auch die sonst recht auffällige Thatsache erklärlich, daß die Pflanze so viel Wasser aufnimmt und wieder abgiebt. Das Wasser ist nämlich zum kleineren Teil Nähr= und Konstitutionswasser, zum größeren dagegen lediglich das Fuhrwerk für die Salze, welche die Pflanze notwendigerweise aus dem Boden aufnehmen soll, deren sie sich aber auf andere Weise nicht, jedenfalls nicht in genügender Menge, bemächtigen könnte.

Mit der Transpirationserscheinung sind nun noch manche

andere Nebenerscheinungen verbunden, die des Interessanten
gar vieles bieten. So ist z. B. schon bei der Besprechung
des inneren Baues der Pflanzen darauf hingewiesen worden,
wie ängstlich die Bahn des Wasserstroms seitlich isoliert ist,
sei es durch Verkorkung der äußeren Oberhautmembran oder
der Korkzellen oder durch einen Wachsüberzug oder dadurch,
daß die Schließzellen der Spaltöffnung tief in einer Grube
liegen. — Ein ganz außerordentlich interessantes Gebiet bilden
die Vorkehrungen zur Verhütung der übermäßigen Transpiration. Einige Beispiele mögen das veranschaulichen. Da gedenken wir des Haarkleides mancher Blätter, besonders an
Pflanzen, die an trockenen Standorten leben, in Steppen und
Wüsten. Da erinnern wir ferner an die Sukkulenten oder
Fettpflanzen, bei denen Verhütung zu starker Transpiration
und Wasserspeicherung zu gleicher Zeit so schön durchgeführt
ist. Da sind die Rutengewächse, deren rutenförmige grüne
Zweige eine bemerkenswerte Reduktion der Blätter offenbaren
und dabei selbst die Assimilation übernehmen (unsere Ginster-
arten, Besenstrauch). — Sehr interessant ist in dieser Hinsicht
auch die Stellung der Blätter. Es giebt Pflanzen, deren Blätter
sich parallel zu den Strahlen der Sonne stellen und dadurch
einer zu starken Transpiration entgegenarbeiten; ja, das kann
so weit gehen, daß die Blätter ihre Lage zu Zeiten je nach
Bedarf ändern.

In dem Vorstehenden ist die Aufnahme von Wasser nebst
Nährsalzen erörtert; es erübrigt noch, von der Aufnahme der
anderen Elemente, also vor allem des Stickstoffs und des
Kohlenstoffs, zu sprechen. Der Stickstoff gelangt meistens
in Gestalt von salpetersauren Salzen mit dem Wasser in die
Pflanze. Es erscheint verwunderlich, daß der freie Stickstoff
der Luft, der doch in großen Mengen vorhanden ist, von den

Pflanzen verschmäht wird. Man kennt allerdings schon lange einige Pflanzen, die Hülsenfrüchtler oder Leguminosen, welche auf einem ungedüngten, stickstofffreien Boden gedeihen. Aber erst in den letzten Jahren hat man die Beobachtung gemacht, daß die hiebei offenbar zu tage tretende Fähigkeit der Ausnutzung des atmosphärischen Stickstoffs ihren Grund in einer sonderbaren Genossenschaft dieser Pflanzen mit Bakterien hat. Jene Leguminosen haben an den Wurzeln kleine Knollen, und in diesen sitzen in einem parenchymatischen Gewebe unzählige Bakterien; man nimmt jetzt an, daß diese Wesen in irgend einer Weise die Ausnutzung und Zuführung des Stickstoffs der Luft bewirken.

Der Kohlenstoff, den die Pflanzen brauchen, stammt einzig und allein aus der Luft, in welcher er in Gestalt von Kohlensäure in geringem Prozentsatz vorhanden ist, in die er aber auch immer wieder durch die Atmung von Menschen und Tieren kommt.

Forschen wir nun weiter nach dem Ernährungsvorgang der Pflanzen, so ist folgender Versuch von großer Bedeutung. Wenn man in kohlensäurehaltiges Wasser einige Wasserpflanzen bringt und das Gefäß in die Sonne stellt, so sieht man bald von den Pflanzen, besonders den Stengelschnittflächen, kleine Gasbläschen aufsteigen, die sich bei näherer Untersuchung als Sauerstoff erweisen; durch einen geeigneten Versuch läßt sich dasselbe auch bei Landpflanzen beobachten. Die Pflanzen nehmen also Kohlensäure auf und scheiden Sauerstoff aus.

Aus vielfachen Versuchen geht ferner hervor, daß dies nur die grünen Pflanzen vermögen, nicht aber die Parasiten (z. B. Pilze). Das Blattgrün muß demnach die eigentliche Stätte der Assimilation sein. Aber mit dem Blattgrün allein ist

es nicht gethan; es kommt noch ein mächtiger Faktor hinzu,
um die Assimilation zu ermöglichen: das ist das Licht. Zahl=
reiche Beobachtungen weisen mit Bestimmtheit darauf hin,
daß das Licht einen großen Einfluß auf die Assimilation aus=
übt, ja daß durch andauernde Lichtentziehung Krankheit und
Tod der Pflanze hervorgerufen werden können. Das Licht
hat Einfluß sowohl auf die Bildung als auch auf die Thätig=
keit des Chlorophylls. Wenn man Pflanzen im Keller wachsen
läßt, so bleiben sie bleich und bilden lange, dünne Triebe;
sie werden geil, wie man sagt.

Die weitere hochwichtige Frage ist nun, wie denn im
Innern der Zelle die Assimilation vor sich geht. Wir sind
darüber durchaus noch nicht völlig aufgeklärt, wissen aber,
daß dieser Vorgang in einer Zersetzung von Kohlensäure und
Wasser besteht, wobei eben Sauerstoff ausgeschieden wird.
Die andere Frage, was denn nun dabei entsteht, ist ungleich
schwieriger zu beantworten. Nur so viel wissen wir, daß
eines der ersten Assimilationsprodukte Stärke ist, was man
mikroskopisch feststellen kann: man sieht in den Blattgrün=
körnern kleinere Stärkemehlkörnchen auftauchen. Aber auch
durch einen andern einfachen Versuch läßt es sich erkennen.
Durch Jodlösung wird Stärke blaugefärbt. Wenn man nun
ein noch am Stengel befindliches Blatt zum Teil mit Stanniol
bedeckt und es nach einigen Stunden vom Stengel trennt
und in kochendes Wasser und dann in heißen Alkohol bringt,
so lösen diese beiden Flüssigkeiten viele Stoffe, besonders das
Blattgrün, in dem Blatte auf, so daß es bleich wird, nicht
aber die Stärke. Legt man das Blatt nunmehr in Jodlösung,
so wird es an den nicht vom Stanniol bedeckten Stellen blau;
es ist also hier, wo die Sonnenstrahlen frei wirken konnten,
Stärke entstanden, an den bedeckten Stellen aber nicht.

Bezüglich der Frage nach der Benutzung der Salze beim Ernährungsvorgang ist Folgendes zu bemerken: Die Eisen= salze sind zur Bildung des Chlorophylls nötig, Kalium= und Magnesiumsalze spielen bei der Eiweißbildung eine Rolle; schwefelsaure, phosphorsaure und salpetersaure Salze führen der Pflanze Schwefel, Phosphor und Stickstoff bei der Eiweiß= bildung zu. Dagegen ist die Bedeutung des Kaliums noch nicht ganz klar; wahrscheinlich dient es zur Bindung der bei der Assimilation entstehenden giftigen Oxalsäure, wobei sich oxalsaurer Kalk krystallisiert ausscheidet, der dann als Gift ein Schutzmittel gegen Tierfraß bilden kann.

c) Der Stoffwechsel.

Wenn auch die Stärke nicht der erste in der Assimi= lationszelle entstehende Körper ist, so kann man sie doch als die Grundlage fast aller anderen Pflanzenstoffe ansehen. Diese gehen also aus Stärke, oft unter Benutzung anderer Stoffe hervor. Das sind in erster Linie die anderen Kohlehydrate, wie Zucker und Cellulose. Da sie dieselbe oder doch ähnliche chemische Zusammensetzung haben wie Stärke, so ist ihre Ent= stehung aus dieser leicht denkbar. Aber auch für die zweite wichtige Gruppe von Pflanzenstoffen, die Fette, ist ein der= artiger Zusammenhang erweisbar, ebenso für die Eiweißstoffe, wobei das sogenannte Asparagin eine Rolle spielt. Diese drei Stoffgruppen genügen vollständig zum Aufbau aller Pflanzenorgane, wie ihr Vorhandensein in Reservestoffbehältern beweist. Die in den Assimilationsstätten entstandenen Stoffe wandern in die Teile des Pflanzenkörpers, wo Neubildung stattfindet, also vor allem nach den Vegetationsregeln und zur werdenden Frucht, wo alles, was gebildet ist, verbraucht wird. Allein mit der steigenden Jahreszeit nehmen die Neu=

bildungen ab, und es muß daher, da die Assimilationsthätig=
keit noch andauert, Stoff entstehen, der nicht sofort verbraucht
wird und der sich daher in allerhand Reservestoffbehältern
ansammelt.

Die in den Reservestoffbehältern aufgespeicherten
Baustoffe befinden sich in einem ruhenden, passiven Zustand
und sind oft im Zellsaft unlöslich; sollen sie Verwendung als
Baumaterial finden und zu den Baustätten wandern, so müssen
sie in einen andern, aktiven Zustand übergeführt werden.
Dies geschieht durch sogenannte Enzyme, Stoffe, die trotz
ihrer kleinen Menge große Massen von Reservestoffen um=
wandeln können, so z. B. die bekannte Diastase, das Enzym,
welches in der keimenden Gerste die Stärke in Zucker um=
wandelt. Zu den Eiweiß lösenden Enzymen müssen z. B.
auch die Stoffe gehören, welche bei den insektenfressenden
Pflanzen die „Verdauung" der organischen Nahrung bewirken.
Da die unlöslichen Reservestoffe Stärke, Fette und Eiweiß=
stoffe sein können, so muß es auch dreierlei Enzyme geben,
je nachdem sie den einen oder anderen Reservestoff aufzulösen
im Stande sind.

Was die Leitungsbahnen für diese Baustoffe anbelangt,
so wandern die Eiweißstoffe in den Siebröhrenteilen, die
anderen im Parenchym, besonders der Rinde. Die Kraft,
welche diese Wanderung veranlaßt, ist offenbar in dem Wachs=
tum an den Neubildungsstätten zu suchen. Es findet dort
ein starker Verbrauch an Stoffen statt, so daß die noch vor=
handenen Stoffe angezogen werden.

Die Vorgänge, durch welche die mannigfachen anderen
Stoffe aus den ersten Assimilationsprodukten entstehen, nament=
lich Glukoside, Pflanzensäuren, Alkaloide, ätherische Oele, sind
noch vielfach dunkel.

Die zuletzt erörterten wichtigen Vorgänge lassen sich unter dem Begriff des Stoffwechsels zusammenfassen, der die Grundlage des gesamten Pflanzenlebens bildet.

Es sei hier noch einmal kurz darauf hingewiesen, daß nicht alle Pflanzen die eben beschriebene regelrechte Assimilation zeigen; denn letztere ist ja an das Blattgrün gebunden, und dieses fehlt manchen Pflanzen. Es sind das die weitverbreiteten Gruppen der Fäulnisbewohner (Saprophyten) und Schmarotzer (Parasiten), sowie z. T. der insektenfressenden Pflanzen, bei denen übrigens doch noch Assimilation stattfindet, so daß die andere Ernährungsweise nur eine Aushilfe ist. Diese zweite Art der Ernährung besteht darin, daß die Pflanze ihren Bedarf an Kohlenstoff und Stickstoff nicht in Gestalt von Kohlensäure und Salzen deckt, sondern durch Aufnahme von organischen Stoffen aus ihrer Umgebung, seien es nun tote, in Fäulnis übergehende oder lebende Wesen.

d) Die Atmung.

Mit den vorstehenden Erörterungen ist der Ernährungsvorgang noch nicht erschöpft. Es ist zur Erhaltung der allgemeinen Lebensbewegung in der Pflanze noch eine gewisse Anregung nötig, und diese geht von einem Vorgang aus, welcher bei der Pflanze zwar nicht die Ausdehnung wie beim Tiere annimmt, aber doch auch bei ihr nicht fehlen darf. Das ist die Atmung. Man versteht darunter die Aufnahme von Sauerstoff und die Abgabe von Kohlensäure, d. h. also einen der Assimilation gerade entgegengesetzten Vorgang. Während diese ein sogenannter Reduktionsprozeß ist, bei dem Sauerstoff frei wird, ist jener eine Verbrennung oder Oxydation. Der von außen aufgenommene Sauerstoff ver-

brennt in dem Gewebe der Pflanze einen Teil des organischen
Stoffes (in erster Linie wohl Kohlehydrate), wobei Kohlen=
säure entsteht, welche die Pflanze gleich dem Tier ausatmet.

Die Bedeutung dieses Vorgangs ist einleuchtend: die
Verbrennung ist stets mit einer Stoffverminderung verbunden;
dadurch aber wird das innere chemische Gleichgewicht der
Pflanze gestört, und weil sie bestrebt ist, es wieder herzustellen,
ist dies eine Anregung zur Neubildung organischen Stoffes
und daher ein wichtiger Faktor für die Lebensbewegung der
Pflanze. Ohne die Atmung findet ein Stillstand im Stoff=
wechsel statt, der allgemach tödlich wirken kann.

Da Atmung und Assimilation entgegengesetzte Vorgänge
sind, so liegt auf der Hand, daß ihre Bedingungen auch nicht
die gleichen zu sein brauchen. Thatsächlich findet daher auch
die Atmung vor allem bei Lichtabschluß statt; allein es ist
doch nicht so, daß sie an Dunkelheit der Umgebung gebunden
wäre, vielmehr findet sie auch im Lichte statt. Die Assimi=
lation bei Tage und im Licht ist aber so bedeutend, daß viel
mehr Neubildung stattfindet als Verbrennung, so daß also bei
Tag die Assimilation die Atmung überwiegt. Dagegen werden
Gewebe, welche kein Blattgrün enthalten, also Blüten und
Knospen und keimende Samen, lediglich atmen. Selbstver=
ständlich wird die Atmung bei Schmarotzern u. s. w. ganz
besonders deutlich zu beobachten sein; denn sie entsprechen ja
physiologisch vollständig den Tieren.

Jede Verbrennung ist, wie die tägliche Erfahrung lehrt,
mit einer Wärmeentwicklung verbunden. Auch bei der Ver=
brennung der organischen Stoffe im Körper wird Wärme frei,
wie sich dies beim Tiere zeigt. Dagegen macht es sich bei der
Pflanze weniger bemerkbar; die Atmung ist ja hier zumeist
von der Assimilation verdeckt; ferner teilt sich die entstehende

Wärme schnell den großen Wassermassen in den Geweben mit, und endlich bietet die große Flächenausdehnung am Pflanzenkörper viel Gelegenheit zur Wärmeausstrahlung. Nichts destoweniger läßt sich an stark atmenden Pflanzenteilen eine Selbsterwärmung durch geeignete Vorkehrungen feststellen, besonders bei keimenden Samen und sich öffnenden Blütenknospen. Ist der Grad der Wärmeentwicklung auch gering, so beobachtete man doch z. B. bei den Blütenkolben des italienischen Aronsstabs eine Selbsterwärmung bis zu 40, ja 44° Celsius, eine Temperatur, welche die des menschlichen Blutes noch übertrifft. Hierher gehört auch die wunderbare Erscheinung, daß am Rand der Firnfelder manche Alpenpflanzen (z. B. Soldanellen) ihre Blüten durch den Schnee bohren, indem die in den Blütenknospen sich entwickelnde Wärme den Schnee zum Schmelzen bringt.

Schließlich sei noch angeführt, daß auch das Leuchten mancher Pilzgewebe auf Rechnung der Atmung zu setzen ist (Phosphorescenz). An Stelle der Wärmeentwicklung tritt hier die Entwicklung von Licht. Beim sogenannten leuchtenden Holz leuchtet nicht das Holz, sondern das Pilzgewebe, von dem das Holz durchwuchert ist.

2. Das Wachstum.

Die nächste Folge, der Ernährung ist das Wachstum; denn die durch die überwiegende Assimilation erzeugte Menge von Baustoffen ersetzt nicht nur die in der Atmung verbrannten Teile des Pflanzenkörpers, sondern es wird noch eine ganze Menge erübrigt, welche nun besonders in der Höhe der Vegetationsperiode zur Bildung neuer Pflanzensubstanz verwendet wird, wodurch eine Vergrößerung und Gestaltveränderung der Pflanze, d. h. deren Wachstum, bewirkt wird.

Man kann jedoch nicht jede Vergrößerung des Pflanzen-

körpers als Wachstum bezeichnen; vielmehr ist nötig, daß die
Vergrößerung eine bleibende ist.   Wenn manche getrocknete
Pflanzen (Algen) in Wasser gelegt werden, so quellen sie auf;
dies ist aber kein Wachstum.   Denn wenn das Wasser wieder
verdunstet, so schrumpft der Körper gleich einem Schwamm
wieder auf seine frühere Gestalt und Größe zusammen.

Die wichtigste Bedingung des Wachstums ist natürlich
die Ernährung; ferner ist es abhängig von Licht und Wärme,
sowie von der Schwerkraft und anderen mechanischen Kräften.
Das Wachstum geht aus von den sogenannten Vegetations=
kegeln, wo die neuen Organe angelegt werden.   Nachdem die
letzteren eine Zeitlang in embryonalem Zustand verharrt haben,
strecken sie sich, um ihre endgültige Gestalt und Größe zu
erreichen, und dann beginnt in ihnen die innere Ausbildung.
Diese Vorgänge wiederholen sich an den fortwachsenden Achsen
beständig, bis ihnen die Unterbrechung der Vegetationsperiode
ein Ziel setzt.   Die embryonale Wachstumsstufe
zeichnet sich aus durch andauernde neue Zellbildung mittelst
Teilung der Zellen am Vegetationskegel, eine Vergrößerung
des Gesamtvolumens ist hier nicht zu beobachten.   Die zweite
Stufe der Streckung hingegen zeigt vor allem ein Längen=
wachstum vorhandener Zellen also auch des ganzen Organs;
auf der dritten Stufe erfahren sie ihre weitere innere Aus=
bildung (Dickenwachstum der Zellen u. dergl.).   Daß diese
Stufen an dem fortwachsenden Stengel ganz allmählich inein=
ander übergehen, ist selbstverständlich.   Natürlich wird es be=
sonders die zweite genannte Stufe sein, auf welcher das eigent=
liche Wachstum stattfindet.

In der größten Zahl der Fälle ist das Wachstum eng
mit Zellteilung verbunden, bezw. es wird von ihm ein=
geleitet; dabei ist es natürlich sehr von der Richtung der

Zellteilungen abhängig: erfolgen diese immer nur in einer Richtung, so ist das Ergebnis ein fadenförmiges Organ; wenn in zwei Richtungen, so entsteht eine Fläche, und endlich, wenn in drei Richtungen, ein Körper. Alle Fälle finden wir sowohl an ganzen Pflanzen (Algen, Pilze) als auch an einzelnen Organen; bei den höheren Pflanzen überwiegt das körperliche Wachstum. Daß die Zellteilungen am Vegetationskegel nach bestimmten Gesetzen erfolgen, ist selbstverständlich.

Bei den Zellteilungen läßt sich das allgemeine Gesetz beobachten, daß die neuen Wände auf den alten senkrecht stehen, dadurch kommt am Vegetationskegel ein eigenartiges Bild zu Stande: Linien, welche dem Umfang parallel laufen (Periklinen) und solche, welche auf ihm senkrecht stehen (Antiklinen).

Wichtig ist vor allem noch die Frage nach dem Einfluß der äußeren und inneren Kräfte auf die Gestaltung der wachsenden Pflanze.

Es ist hierbei namentlich festzuhalten, daß es neben äußeren Kräften noch innere, uns unbekannte Kräfte giebt, welche bei den Wachstumsvorgängen mitwirken. Jene äußeren Kräfte wirken ja auf alle Pflanzen in gleicher Weise ein; trotzdem aber sind die Wirkungen ganz verschieden; das muß also an der besonderen Eigenart der verschiedenen Pflanzen liegen. Zunächst ist es daher auch die innere Natur der Pflanze, welche bewirkt, daß die Wurzeln an dem abwärtsgerichteten, die Sprosse auf dem aufwärtsgerichteten Teil der Pflanze entstehen. Andererseits wird aber dasselbe Ergebnis durch zwei andere Kräfte erreicht: die Schwere bewirkt, daß die Stoffe, aus denen die Wurzeln entstehen, nach unten wandern, die dagegen, welche Sprosse und Blätter erzeugen, aufwärts steigen; ferner weiß man, daß auch das Licht in in demselben Sinne wirkt, weil Wurzeln auf der vom Lichte

abgekehrten, Sproſſe und Blätter auf der ihm zugewandten
Seite entſtehen. Wenn eine Pflanze über den Boden hinkriecht, wie ſich das namentlich bei niederen Pflanzen (Mooſen)
zeigt, ſo entſtehen die Wurzeln auf der Bauchſeite, die Blätter
an der Rückenſeite. Wenn auch Schwere und Licht dieſe
Wirkung haben, wie ſich an geeigneten Verſuchen zeigen läßt,
ſo ſind die dabei auftretenden Verſchiedenheiten doch in letzter
Linie auf innere Urſachen zurückzuführen, die wir noch nicht
kennen.

Es iſt aber ſehr wichtig ſich wenigſtens eine Vorſtellung
von dem Verhältnis zwiſchen den inneren und äußeren Ur-
ſachen des Wachstums zu machen. Wir faſſen dasſelbe ſo
auf: die eigentliche U r ſ a c h e des ſpezifiſch ſo verſchiedenartigen
Wachstums liefert die innere Konſtitution der Energiden (des
Plasmas), die darnach auch ſpezifiſch verſchieden ſein muß.
Die ſog. äußeren Wachstumsurſachen ſind eigentlich Wachstums-
r e i z e , die entweder a u s l ö s e n d (z. B. Nahrung, Waſſer,
Wärme) oder r e g u l i e r e n d (z. B. Schwerkraft, Licht) wirken.
Ein Beiſpiel mag es deutlich machen. Eine Knoſpe wächſt
und entfaltet ſich nur, wenn die Energiden ihrer Blättchen
und des Vegetationskegels noch leben, ſonſt bleibt ſie ſicher
unverändert. Die mit lebenden Energiden verſehene Knoſpe
wächſt aber auch nur dann, wenn ſie erweckt, ihre ſchlummernde
Energie ausgelöſt wird. Das geſchieht durch die Wärme-
ſtrahlen der Frühlingsſonne und durch die aufs Neue zu-
ſtrömenden Nahrungsſtoffe. Das nun eintretende Wachstum
wird in ſeiner Richtung reguliert durch Schwerkraft und
Licht, die neuen Blättchen ſtrecken ſich alſo z. B. der Licht-
quelle entgegen.

Bezüglich der äußeren Wachstumsreize iſt folgendes zu ſagen.
Die W i r k u n g d e r N a h r u n g s ſ t o f f e und ihre Notwendig-

keit liegt auf der Hand. Hier sei nur noch der Thatsache
gedacht, daß die Pflanze den Nahrungsstoffen gegenüber ein
eigenartiges Wohlvermögen besitzt, das wir auf die spezifische
Konstitution der Energiden zurückführen müssen.

Wir haben schon einer Wirkung der Schwerkraft
auf die wachsenden Organe der Pflanze, die nicht mehr im
embryonalen Zustand zu sein brauchen, gedacht: Die Wurzel
wächst in der Richtung der Schwere; sie ist positiv geo=
tropisch; der Stengel dagegen wächst in entgegengesetzter Rich=
tung, er ist negativ geotropisch. Wird ein in Streckung
begriffener Sproß wagerecht gelegt, so krümmt er sich nach
oben (wenn seine Zellen verholzt sind, ist dies natürlich nicht
mehr möglich). Da sich dann zu gleicher Zeit auch eine
Wasseranhäufung in den Zellen der Sproßuntenseite (der
konvexen Seite) nachweisen läßt, so hat man dies mit der
Krümmung in ursächlichen Zusammenhang gebracht. Be=
merkenswert ist es, wie die Knoten der Grashalme noch lange
ihren Geotropismus behalten. Wird ein ausgewachsener Gras=
halm wagerecht umgelegt, so beginnt er sich am Knoten zu
krümmen, indem die der Unterlage zugekehrte Seite sich ver=
längert, die Oberseite sich verkürzt, wodurch es dem liegenden
Grase ermöglicht ist, sich wieder zu erheben. — Für diesen
ursächlichen Zusammenhang zwischen Schwerkraft und Wachs=
tum liefert folgender Versuch einen schönen Beweis: läßt man
Samen auf der sich schnell drehenden Scheibe einer Zentri=
fugalmaschine keimen, so wachsen die Wurzeln wagrecht nach
außen, die Sprosse wagrecht nach innen.

Die Wirkung des Lichts auf die sich streckenden
Pflanzenteile erkennt man deutlich aus dem schon berührten
Versuch, Pflanzen im Dunkeln wachsen zu lassen: die Sproß=
achsen werden sehr lang, bleiben aber dünn, die Blätter da=

gegen, wenigstens ihre Spreiten, werden bedeutend kleiner, und die
Ausbildung des Blattgrüns unterbleibt.   Es läßt sich übrigens
denken, daß hierbei das aus Mangel an Blattgrün zu er=
klärende Ausbleiben der Assimilation eine sehr wichtige Rolle
spielt. Man bezeichnet diese abnorme Wachstumerscheinung als
„Etiolement"; das Licht hemmt also und Lichtausschluß
fördert das Längenwachstum. Aehnliches zeigen einseitig be=
leuchtete Sprosse: indem die vom Licht abgekehrte Seite stärker,
die andere schwächer in die Länge wächst, macht das betreffende
Organ eine Krümmung nach dem Licht hin, was man als
positiven Heliotropismus bezeichnet. Es giebt aber auch
einen negativen; manche Ranken z. B. krümmen sich nach der
weniger beleuchteten Seite (Wein).

Daß auch die Wärme auf das Wachsen der Pflanzen
Einfluß hat, läßt sich denken: unter einer für jede Pflanze
eigenen Temperaturgrenze hört das Wachstum auf, wie schon
das Verhalten der Pflanzenwelt bei Eintritt der kälteren
Jahreszeit zeigt. Von dieser Grenze an steigt die Energie
des Wachstums bis zu einem Höhepunkt und nimmt dann
wieder ab bis zu einer oberen Temperaturgrenze, über die
hinaus die Pflanze nicht mehr wächst (Minimum, Opti=
mum, Maximum der Wachstumsenergie). Einen be=
sonders wichtigen Einfluß hat das Wasser auf das Wachs=
tum. Die Zellen der embryonalen Wachstumsregion sind ganz
mit Plasma erfüllt; je größer sie in der zweiten Streckungs=
Region werden, desto mehr Wasser enthalten sie. Dasselbe
wird von organischen Säuren und ihren Kalisalzen angezogen,
filtriert durch die Zellwand hindurch, wird aber von dem Plasma
(Primordialschlauch) zurückgehalten und spannt daher die Wände
an; das nennt man Turgor. Die Ausdehnung der Zell=
wände durch Turgor ist eine der wichtigsten Ursachen der
Streckung eines Organs.

Die durch Wachstum hervorgerufenen Aenderungen be=
wirken mit zwei anderen Erscheinungen, nämlich dem Turgor
und der Imbibition, das, was man als Gewebespannung
bezeichnet. Wenn eine Zelle viel Wasser aufgenommen hat
und die Membran dann durch den Turgor angespannt wird,
so wird dies die Sproßachse mechanisch kräftigen. Einen
starken Turgor zeigt das Mark, auch die inneren Gewebe den
äußeren gegenüber; legt man z. B. einen gespaltenen Blüten=
schaft des Löwenzahns in Wasser, so krümmt er sich stark, weil
die Innenfläche durch Turgor sich verlängert. — Die Imbibi=
tion ist eine der bemerkenswertesten Eigenschaften der Zell=
haut; man versteht darunter die Fähigkeit, zwischen die Mole=
küle der Membran Wassermoleküle einzulagern, wodurch die=
selbe aufquillt. Dies geschieht oft mit außerordentlicher Ge=
walt; man denke daran, welche Gewalt der quellende Same
hat, ebenso ein trockenes Stück Holz, das man mit Wasser
tränkt.

Die Längsspannung des Marks einerseits, der
Rinde und des Holzes andererseits ist verschieden. Das
Mark ist bestrebt sich auszudehnen, Holz und Rinde sich zu=
sammenzuziehen. Beides gleicht sich aus. Die Längsspannung
nimmt mit dem Alter der Internobien zu und dann wieder
ab. Als Ursache der Längsspannung ist wohl anzusehen, daß
das Mark schneller wächst als Rinde und Holz und daß es
wegen schneller Wasseraufnahme einen stärkeren Turgor zeigt.
Daneben giebt es nun auch eine Querspannung. Löst
man die Rinde vom Holz, so läßt sie sich nicht mehr voll=
ständig um das Holz legen. Dieses hat also das Bestreben,
sich auszudehnen, wird aber durch die entgegengesetzte Spannung
der Rinde darin gehemmt. Es liegt auf der Hand, daß hier=
bei das Dickenwachstum sowie Turgor und Imbibition eine

Rolle spielen. Es könnte merkwürdig erscheinen, daß die
zarten Kambiumzellen nicht von dem Druck von innen und
außen beeinflußt werden. Der Grund ist sicherlich der starke
in den Kambiumzellen herrschende Turgor.

3. Die Reizbewegungen.

Das Leben besteht in einer Wechselwirkung des Organis=
mus mit der Außenwelt. Die Außenwelt wirkt in gewissen
Reizen auf den Organismus ein, und dieser antwortet darauf
in bestimmter Weise. Diese Antwort besteht gewöhnlich in
einer Bewegung. Natürlich ist aber nicht jede Bewegung eine
Reizbewegung. Wenn man manche tote Pflanzen, z. B.
Algen, Flechten oder die bekannte Rose von Jericho, in Wasser
legt, so erfahren sie durch Aufnahme von Wasser eine Volumen=
änderung und vollführen dadurch eine Bewegung. Dies ist
rein physikalisch zu erklären, also auch keine Reizbewegung,
sondern eine mechanische Bewegung. Dagegen sahen wir, daß
an einem Keimpflänzchen Schwerkraft, Licht und auch wohl
Feuchtigkeit einen derartigen Reiz ausüben, daß die Wurzel
nach unten, der Stengel nach oben wächst. Diese verschieden=
artige Antwort auf einen und denselben Reiz läßt sich nur
derart erklären, daß das Leben hier eine besondere Rolle
spielt; unsere physikalischen Gesetze lassen uns dabei durchaus
im Stich. Es ist daher ein Unding, zu behaupten, daß die
Lebenserscheinungen sich mechanisch erklären lassen, und wenn
man auch von dem Begriff der „Lebenskraft“, d. h. einer
besonderen im Organismus wirkenden Kraft, abgehen zu müssen
glaubte, so ist man dadurch der Erklärung der Lebenser=
scheinungen auch nicht um einen Zoll näher gekommen. Ja,
ein neuerer Forscher, Kerner, erklärt, er nehme keinen Anstand,
„jene mit keiner andern zu identifizierende Naturkraft. deren

eigentümliche Wirkungen wir das Leben nennen, wieder als Lebenskraft zu bezeichnen."

Als den Träger des Lebens betrachten wir das Protoplasma; thatsächlich gehen auch alle Reizbewegungen entweder mittelbar oder unmittelbar von ihm aus. Tote, d. h. protoplasmalose Zellen antworten nicht auf einen Reiz und das Protoplasma als solches zeigt auch Reizbewegungen, wie man an niedrigen Algen und Pilzen, an Schwärmsporen, ja auch an der lebenden Zelle höherer Pflanzen beobachtet. Diese Protoplasmabewegung erfolgt einmal durch Geißeln. Es giebt Schwärmsporen von Algen und Pilzen, welche fadenförmige Organe, Geißeln oder Cilien besitzen, durch deren schwingende Bewegung sie sich hin und her bewegen. Andererseits kann die Protoplasmabewegung amöboïd sein, ähnlich den niedrigsten Rhizopoden, den Amöben, besitzen auch die Schleimpilze in gewissen Lebensstadien die Fähigkeit, fußartige Fortsätze des Plasmas auszustrecken und wieder einzuziehen und dadurch sich kriechend fort zu bewegen. Ueber die strömende Bewegung der in Zellen eingeschlossenen Energiden haben wir schon gesprochen.

Die Bewegungen von Organen lassen sich zunächst unterscheiden als solche, die an wachsenden Organen, und solche die an ausgewachsenen stattfinden. Läßt sich bei der Bewegung wachsender Organe eine äußere, sie veranlassende Ursache erkennen, so sind es Reizbewegungen, im anderen Fall dagegen Nutationsbewegungen.

Wir gehen zunächst auf die ersteren ein und weisen auf das zurück, was wir von Geotropismus und Heliotropismus gesagt haben; denn die darauf beruhenden Erscheinungen sind Reizbewegungen. Nur weniges sei hier noch hinzugefügt. Läßt man eine Bohne auf Quecksilber keimen, so wächst die Wurzel in dieses hinein; so stark ist also der Reiz und die Kraft des Protoplasmas, daß die Wurzel den starken Widerstand des Quecksilbers überwindet.

Es giebt sogenannte Ampelpflanzen und manche Mauer= pflanzen (z. B. Mauer=Leinkraut), welche zu schwach sind, sich aufrecht zu erhalten; ihre Sproßachse folgt daher nicht dem Reiz der sie sonst aufrichtenden Schwerkraft, sondern sie wachsen der Erde zu. Wenn dagegen eine mit Windungsfähigkeit begabte Pflanze (Bohne) gezwungen wird, abwärts zu wachsen, so krümmen sich die noch in Streckung befindlichen Teile nach oben. Zu gleicher Zeit zeigt sich aber auch eine heliotropische Erscheinung; denn die Blätter wenden sich nach oben und kehren ihre Oberseite dem Licht zu. Eine wichtige Reizbe= wegung ist diejenige der sogenannten windenden Pflanzen. Daß hier auch Wachstum stattfindet, dürfte von vornherein klar sein; das Eigenartige ist dabei, daß die Zone stärkeren Wachstums stets nach außen liegt und dabei spiralig fort= schreitet, was eine Spiralkrümmung der ganzen Sproßachse bewirkt. Wenn man eine windende Pflanze einer stetigen langsamen Drehung (am sog. Klinostaten) aussetzt, so windet sie nicht mehr. Das Winden erfolgt ferner immer nur an senkrechten Stützen nach oben; daraus geht hervor, daß hierbei ein Schwerkraftreiz wirksam ist, daß also das Winden auf einer besonderen Art von Geotropismus beruht.

Daß die Blätter unter dem Einfluß des Heliotropismus eine bestimmte Stellung einnehmen, ist schon erwähnt worden; sie wenden ihre Assimilationsfläche (Oberseite) möglichst dem Lichte zu. Andererseits suchen sie sich auch oft durch ihre Stellung vor zu starker Bestrahlung durch die Sonne zu schützen. An jedem Baum und Strauch (z. B. Hasel) läßt sich leicht sehen, daß die wagerecht wachsenden Zweige sowohl als die senkrechten wagerecht gestellte Blätter besitzen. An Mauerpflanzen zeigt sich oft sehr schön, wie sich die Blätter, ein sog. Blattmosaik bildend, neben einander legen und sich gegenseitig Platz machen, ohne sich zu hindern (Glaskraut Fig. 23). Manche Früchte wenden sich dagegen umgekehrt dem Dunkeln zu.

Zu den Reizen, welche eine Bewegung bewirken können,

Fig. 50.
Colchicum autumnale,
Herbstzeitlose, offene Blüte
(am Tage).

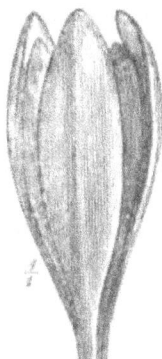

Fig 51.
Dasselbe, geschlossene
Blüte (bei Nacht).

gehört auch Berührung und Reibung, das zeigen die Ranken= pflanzen (s. S. 72). Die Gipfelenden derselben, sowie die jungen Ranken machen kreisende Nutationen (s. unten), hat eine Ranke jedoch eine Stütze gefunden, gleichviel ob vertikal, schief oder horizontal, so legt sie sich um dieselbe herum und um= wickelt sie in mehreren Windungen, wobei der rückwärts ge= legene Teil der Ranke sich auch spiralig aufrollt, ein Zeichen dafür, daß sich der Reiz auch fortpflanzt. Auch Wärme, Wasser und chemische Stoffe können Reizwirkungen hervorrufen.

Eine zweite Gruppe von Wachstumsbewegungen sind die Nutationsbewegungen, d. h. Krümmungen, welche sich

auf ungleiches Wachstum von Ober= und Unterseite zurück=
führen laffen, wobei ein bestimmter äußerer Reiz nicht zu er=
kennen ist. Hier hört die Bewegungsfähigkeit auch mit Be=
endigung des Wachstums auf. Aehnlich ist es, doch mit
periodischer Wiederholung, wenn eine Blattseite sich infolge
stärkeren Wachstums bei Tag bezw. Nacht hebt: die Blätter
vom Flachs heben sich in der Nacht, weil dann die Unterseite
stärker wächst; beim Windenknöterich senken sie sich, weil die
Oberseite nachts stärker wächst. Aehnliches zeigen viele Blüten,
die sich tags öffnen, nachts schließen oder umgekehrt (Herbst=
zeitlose Fig. 50 und 51). Diese Erscheinung tritt oft auch
schon bei Schwankungen in der Beleuchtung ein (Tulpe).

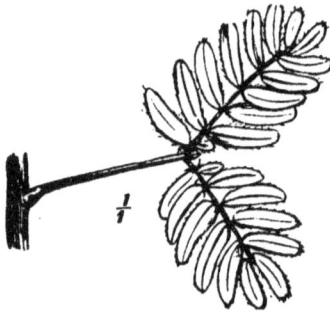

Fig. 52.
Mimosa pudica, Sinn=
pflanze, geöffnetes Blatt
(in Ruhe).

Fig. 53.
Dieselbe, geschlossenes und
gesenktes Blatt (nach
Erschütterung).

Im Gegensatz zu den bisher erörterten Bewegungen hören
die Variationsbewegungen mit der Streckung des Organs
nicht auf, sondern erfolgen auf einen gewissen Reiz hin von
neuem. Dahin gehört die Bewegung der Sinnpflanze (Mimosa
pudica), deren Fiederblättchen und Blätter sich bei Erschütterung
senken (Fig. 52 und 53); ähnlich bewegen sich bei Berührung

manche Staubgefäße (Kompositen z. B. Kornblume). Die Bewegung beruht hier überall darauf, daß aus einem dann stets vorhandenen starken Parenchymgewebe (Schwellpolster) das Wasser in andere Zellen oder in Intercellularräume tritt. — Diese Variationsbewegungen sind auch oft die Antwort auf einen Licht= oder Temperaturreiz; so legen sich die Blätter der Sinnpflanze auch im Dunkeln zusammen, ähnlich die Blätter des Sauerklees und vieler Leguminosen (Klee, Wicke). Man nennt dies dann bezeichnend S ch l a f b e w e g u n g (Tag= und Nachtstellung) und führt dieselbe auf die durch Turgor hervorgerufene Gewebespannung in den Zellen eines Schwell= polsters zurück.

Zum Schluß sei noch bemerkt, daß die hier erörterten Reizbewegungen eine Störung dadurch erleiden können, daß die Reize von außen zu stark sind. Das überreizte Organ verliert dann zeitweilig seine Beweglichkeit und befindet sich im Zustand der S t a r r e. Die Ausdrücke Kältestarre, Wärme= starre, Dunkelstarre, Trockenstarre sind darnach leicht ver= ständlich.

4. Die Fortpflanzung.

a) Die Arten der Fortpflanzung.

Die bisher besprochenen Verrichtungen bezwecken in erster Linie die Erhaltung des Einzelwesens. Damit ist aber der Endzweck des Lebens noch nicht erfüllt: jedes Lebewesen hat auch noch für die Erhaltung der Art zu sorgen, da ja sonst mit dem Tod der eben die Erde bevölkernden Organismen alles Leben von ihr verschwinden würde. Es ist also ein für den Gesamthaushalt der Natur überaus wichtiges Kapitel des Pflanzenlebens, das wir zum Schluß noch zu behandeln haben.

Wir haben zunächst eine Reihe von Erscheinungen in Betracht zu ziehen, welche nicht sowohl der eigentlichen Fortpflanzung als vielmehr der Vermehrung angehören. Die Pflanzen haben nämlich vor den Tieren ein Vermögen voraus, das für sie sehr wichtig wird. Wenn man will, ist die Fortpflanzung bei den Pflanzen vielmehr als bei den Tieren einem gewissen Zufall unterworfen; es ist daher für sie von Bedeutung, daß sie Ersatzmittel besitzen. Das Tier hat einen viel einheitlicheren Körper als die Pflanze; die Organe sind bei ihm viel mehr von einem Grundgedanken beherrscht und werden von einem Zentralorgan, dem Nervensystem, regiert. Die Pflanze hingegen bewahrt ihren Organen eine viel größere Selbständigkeit, und diese äußert sich vor allem darin, daß sich Teile der Pflanze loslösen und neue Pflanzen bilden können (vegetative Vermehrung). Jeder weiß, daß man durch Ableger, Absenker usw. eine Pflanze vermehren kann; wenn man einen Sproß von der Pflanze loslöst und in die Erde bringt, kann er selbständig werden: sein unterer Teil erzeugt Wurzeln, der obere wächst als Sproß weiter, dadurch ist der Anfang zu einer neuen Pflanze gemacht. Manche Pflanzen, wie z. B. die Schiefblätter (Begonien), gehen darin so weit, daß ein Blattstück neue Pflanzen erzeugen kann.

Dem Prinzip nach gehört hierher auch die Vermehrung durch Ausläufer, Knollen, Zwiebeln, Brutknospen (s. oben). Hingegen ist das Kopulieren, Pfropfen und Okulieren im Grunde etwas anderes, weil es sich dabei nicht sowohl um eine Vermehrung, als vielmehr um künstliche Veredlung einer Pflanze behandelt. — Die vegetative Vermehrung der Pflanze tritt vielfach dann ein, wenn die andere aus irgend welchen Gründen nicht möglich ist. Manche Pflanzen sind auf sie völlig angewiesen, besonders niedere Algen und Pilze (Teilung der Bakterien).

Die Fortpflanzung im engeren Sinne ist eine ge=
schlechtliche, d. h. die neue Pflanze entsteht als Produkt
der Vereinigung von zwei Zellen (Gameten). Dieselbe ist
nun aber durchaus nicht im ganzen Pflanzenreich eine gleich=
artige, vielmehr zeigt sie mit der steigenden Ausbildung der
Pflanzen auch eine Vervollkommnung. Es dient zum näheren
Verständnis der Sache, wenn wir dieser Vervollkommnung
zuerst kurz gedenken. Der allereinfachste Fall ist, daß die
Pflanzen zwei gleiche Zellen bilden, deren Inhalt miteinander
verschmilzt (manche Algen und Pilze). Ist dagegen ein Unter=
schied zwischen beiden Zellen zu beobachtet, so trennt man sie
als männlich und weiblich und bezeichnet den Vereinig=
ungsvorgang als Befruchtung. Der auffallendste Unterschied zwischen beiden Zellen ist, daß die weibliche unbeweg=
lich (Eizelle genannt), die männliche beweglich ist; doch fehlt
es auch nicht an Beispielen, wo die männliche unbeweglich
ist; so bei den die Kartoffelkrankheit erzeugenden Pilzen, sowie
bei den Rotalgen (Florideen). Die Stufe der unbeweglichen
Eizelle und beweglichen männlichen Zelle vertreten besonders
Moose und Farne. Hier entsteht die Eizelle in einem ein=
fachen, mehr oder weniger flaschenförmigen Gebilde, dem
Archegonium, die Spermatozoiden genannten männlichen Zellen in mehr keulenförmigen Antheridien. Die
Spermatozoiden sind fadenförmige Zellen mit Geißeln oder
Wimpern, welche sich auf einer feuchten Unterlage fortbe=
wegen können. Da die Träger dieser Organe stets kleine
Pflänzchen sind, so vermögen die Spermatozoiden auf diese
Weise leicht zu den Archegonien zu gelangen. Das Ergebnis
der Befruchtung ist in dem einfachsten obengenannten Falle
eine Zelle, die man Zygospore nennt und welche zu einer
neuen Pflanze answachsen kann. Ist eine Eizelle vorhanden,

die durch ein Spermatozoid befruchtet wird, so nennt man die entstehende Spore eine Oospore; dagegen ist bei den Moosen das Ergebnis der Befruchtung die Bildung eines Sporogoniums, das heißt einer Mooskapsel, in der die Sporen entstehen. Unter Sporen versteht man die einzelligen Fortpflanzungskörperchen, aus denen durch Keimung ein neues Individuum entsteht. Bei den Gefäßsporenpflanzen endlich bildet sich aus der auf einem Vorkeime befindlichen befruchteten Eizelle die junge Pflanze auf deren Blättern in den Sporangien viel später ungeschlechtlich die Sporen entstehen, und zwar bei vielen hierher gehörigen Pflanzen verschiedene Sporen (Makro- und Mikrosporen) in verschiedenen Sporangien (Makro- und Mikrosporangien).

Was die höheren Pflanzen, die sog. Samenpflanzen, betrifft, so haben wir deren Blütenverhältnisse schon genügend erörtert. Allein zum Verständnis des Zusammenhangs zwischen ihnen und den niedrigeren Pflanzen ist noch folgendes zu bemerken: Wie die höheren Gefäßsporenpflanzen, so besitzen auch die Samenpflanzen Makro- und Mikrosporen, nämlich Embryosak, bezw. Pollenkorn. Aus diesen Sporen entstehen bei den Gefäßsporenpflanzen Vorkeime und auf ihnen die eigentlichen Geschlechtsorgane: Spermatozoiden und Eizelle, bei den Samenpflanzen ist die Vorkeimbildung sehr reduziert. Aber auch hier entsteht im Pollenkorn eine das Spermatozoid vertretende Substanz und im Embryosack eine Eizelle; bei beiden Pflanzenabteilungen besteht dann der Befruchtungsvorgang in der Verschmelzung der sich entsprechenden Geschlechtsorgane. Bei beiden ist auch die Folge der Befruchtung ein lebhafter Wachstumsprozeß der Eizelle, allein bei den Gefäßsporenpflanzen geht aus ihr sofort ohne Unterbrechung die fertige Pflanze hervor, bei den Samenpflanzen dagegen der Samen, welcher zwar die junge Pflanze in sich en miniature birgt, der aber doch erst eine Ruheperiode durchmacht, ehe er auswächst. In beiden Abteilungen werden später auf der fertigen Pflanze auf besonders gestalteten Blattorganen die Makro- und Mikrosporen ungeschlechtlich gebildet.

Bei den Samenpflanzen wird nun aber der Befruchtungsvorgang durch einen besonderen Akt, die Bestäubung, eingeleitet.

b) Die Bestäubung.

Der Blütenstaub ist ein unbeweglicher, männlicher Gamet. Um zur Narbe zu gelangen, bedarf er meist eines besonderen Fuhrwerks. Bei Zwitterblüten sollte man meinen, könnte der Blütenstaub leicht auf die Narbe derselben Blüte gelangen; allein eine derartige Selbstbestäubung tritt verhältnismäßig selten ein; Fremdbestäubung wird bevorzugt, da sie kräftigere Nachkommenschaft sichert. Sind Staub- und Fruchtblätter auf verschiedene Blüten oder gar Pflanzen verteilt, so ist natürlich die Fremdbestäubung Gesetz.

Eine außerordentliche Fülle verschiedenartiger Vorrichtungen sichert bei Zwitterblüten die Fremdbestäubung. Wir erwähnen kurz folgende Fälle. Oft werden Staub- und Fruchtblätter zu verschiedenen Zeiten reif, so daß die Narbe noch nicht bestäubungsfähig ist, wenn der Pollen die Antheren verläßt. Man nennt dies Dichogamie (Aristolochia, Wegerich, Ruta u. a.). Oft stehen Staub- und Fruchtblätter derart, daß ein direkter Verkehr zwischen beiden völlig ausgeschlossen erscheint, oder sie sind in ihrer Länge so verschieden, daß zur Bestäubung fremde Hilfe nötig ist.

Uebrigens ist die Fremdbestäubung doch nicht so unbedingtes Gesetz, wie man eine Zeit lang dachte; vielmehr weiß man, daß in manchen Fällen Selbstbeſtäubung eintritt, ja, daß dieſe oft durch beſondere Vorkehrungen ermöglicht wird, wenn die Blüte vergebens auf Fremdbeſtäubung gewartet hat.

Welcher Fuhrwerke bedient ſich nun die Pflanze zum Transport des Blütenſtaubs? Des Windes und der Tiere. Wenn der Pollen ſehr leicht und in großen Maſſen vor= handen iſt, genügt ein Windſtoß, um eine Wolke desſelben den Fruchtblattblüten zuzuführen. Derartige Windblütler ſind namentlich unſere monöciſchen und diöciſchen Holzpflanzen (Eiche, Buche, Haſel u. ſ. w. einerſeits, Pappeln andererſeits). Verbreiteter ſind die Tierblütler. Beſonders Inſekten, (ſeltener Vögel, in den Tropen) leiſten der Pflanze den Boten= dienſt.

Wir haben ſchon geſehen, daß die Inſekten in der Blüte Honig und Blütenſtaub ſuchen und daß ſie dadurch, ſowie durch bunte Farben und angenehmen Geruch angelockt werden. Hier wollen wir nur noch eines Umſtandes gedenken. Honig iſt ein vielbegehrter Artikel in der Inſektenwelt. Aber nicht jedes Inſekt würde die Uebertragung des Blütenſtaubs erfolg= reich bewirken können; daher muß die Pflanze ihren ſüßen Schatz vor Dieben und unberufenen Gäſten ſchützen. Dies geſchieht oft durch die Beſchaffenheit der Blumenkrone, die für gewöhnlich geſchloſſen iſt; ſo hat z. B. das Löwenmaul eine fallthürartige Einrichtung; oder die Blüte iſt ſo gebaut, daß nur beſtimmte Inſekten ſie beſtäuben können, weil Länge der Teile und die Stellungsverhältniſſe derart ſind, daß nur ein beſtimmter Rüſſel zum Honig gelangen kann. Hierbei iſt dann ſtets dafür geſorgt, daß der Blütenſtaub ſich an einer Körperſtelle des Inſekts ablagert, welche nachher die Narbe einer anderen Blüte ſtreifen wird. Die Mannigfaltigkeit der Fälle iſt faſt ſo groß wie die Mannigfaltigkeit der Blüteuformen.

Die Pollenträger von Pflanze zu Pflanze sind besonders Schmetterlinge, Bienen und Hummeln. Ist die Blüte auf Schmetterlinge angewiesen, so hat sie, da diese sehr lange Rüssel haben, eine dementsprechend lange Blumenkronenröhre, aus welcher Staubgefäße und Stempel lang hervorragen, z. B. Geisblatt. Obendrein haben sie, da es sich hierbei meist um Nacht- oder Dämmerungsfalter handelt, eine hellleuchtende Farbe und nur abends und nachts eintretenden Geruch.

Ein leicht zugängliches Beispiel bietet das Veilchen. Hier hat der Stempel einen nach unten verdünnten und umgebogenen Griffel (Fig. 35, a), und die Staubgefäße (Fig.

Fig. 54.
Genista tinctoria, Färbeginster, Schmetterlingsblüte, zur Bestäubung bereit k Kelch, f Fahne, fl Flügel, s Schiffchen.

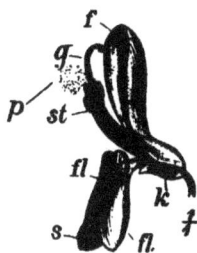

Fig. 55.
Dieselbe, Blüte nach der Bestäubung, Flügel und Schiffchen sind heruntergeklappt, Staubgefäße st und Griffel g nach oben gerichtet, p Pollenwolke, die dabei entlassen wurde.

32 f) besitzen einen Honig absondernden Sporn, sowie an der Spitze ein Anhängsel: alle fünf stehen um den Griffel herum, und die Anhängsel schließen so zusammen, daß sie am Griffel einen Hohlraum bilden. Die Blüte hängt an langem Stiel nach unten, und der trockene Blütenstaub fällt bei der Reife in jenen Hohlraum. Hängt sich nun eine Biene an die Veilchenblüte, so muß sie, um zum Honig zu gelangen, den

Griffel zurückbiegen, was vermöge der Verdünnung und Um=
biegung leicht geht; dabei fällt dann aber der Pollen auf ihren
Kopf und wird an der Narbe der nächsten von ihr besuchten
Blüte abgestreift.

Ein bemerkenswertes Beispiel zeigen auch die Figuren
54—56, nämlich die Schmetterlingsblüte. Von den fünf
Blumenblättern steht eines hoch aufgerichtet, die Fahne; sie
lockt die Insekten von weitem an. Zur Seite stehen zwei
Flügel und zwischen diesen zwei fast verwachsene Blätter, die
das Schiffchen bilden (Fig. 56, s). Die Flügel haben auf
beiden Seiten einen Höcker, und in diesen ragt von innen ein
Höcker des Schiffchens (Fig. 56), so daß die vier Blätter
eng in einander greifen. Da sie
sich aber in dieser Lage in Span=
nung befinden, so verlassen sie die=
selbe leicht, wenn auf eine Vor=
wölbung des Flügels gedrückt wird,
und schnellen nach unten. In dem
Schiffchen liegen die 10 Staub=
gefäße, deren Staubfäden unten

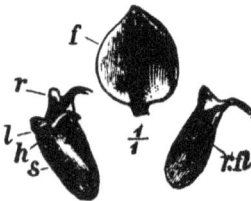

Fig. 54.
Dieselbe, Teile der
Schmetterlingsblüte.
f Fahne, rfl rechter Flügel, s Schiff=
chen, hieran l linke Hälfte, r rechte
Hälfte, h Höcker.

zu einer Röhre verwachsen sind (Fig.
33, i), sowie der federig gespannte
Griffel (Fig. 38, h). Die An=
theren öffnen sich früh und lagern den Pollen in dem Schiffchen
ab. Wenn nun ein Insekt auf die Flügel drückt, so fahren
diese samt dem Schiffchen nach unten und die Staubgefäße
nach oben, so daß der Blütenstaub in einer Wolke aus dem
Schiffchen geschleudert wird, wie das Fig. 55 darstellt. Der
Blütenstaub wird dabei auf dem Unterleib des Insekts ab=
gelagert, und wenn dasselbe dann eine andere Blüte mit
emporstehender Narbe besucht, muß es notwendig den Polen
auf derselben abstreifen.

c) Die Befruchtung.

Wenn der Pollen auf die Narbe des Stempels gelangt ist, so sind die beiden die Befruchtung bewirkenden Zellen noch immer nicht in unmittelbarer Berührung. Der Befruchtungsvorgang beginnt daher mit einer weiteren Vorbereitung; diese besteht darin, daß das Pollenkorn auf der feuchten Narbe keimt, und einen Schlauch durch das Griffelgewebe zum Fruchtknoten hinabsendet (Fig. 34). Derselbe sucht hier die Samenknospe auf und wächst durch die Mikropyle zur Eizelle hin. Nun beginnt der eigentliche Befruchtungsakt, der darin besteht, daß nach Durchbohrung der Wände eine sogenannte generative Zelle des Pollenschlauchs mit ihrem Spermakern zur Eizelle übertritt und sich mit ihr vereinigt.

Die Eizelle besitzt kein Nuclein (ein Eiweißstoff), den dagegen der Spermakern reichlich enthält. Durch die Befruchtung wird daher die Eizelle gewissermaßen erst vervollständigt, und die Folge ist, daß sie sich nun energisch teilt, woraus schließlich in gesetzmäßiger Weise ein Zellkörper hervorgeht, der Keimling, welcher die oben beschriebenen Teile, Samenlappen, Knöspchen und Würzelchen, zeigt.

Während in der Samenknospe diese Wachstumsvorgänge stattfinden, beginnt auch, durch die Befruchtung angeregt, in der Fruchtknotenwand eine Aenderung: aus dem Fruchtknoten wird die Frucht, oft mit Zuhilfenahme anderer Blütenteile, besonders der Achse (s. oben).

d) Sorge der Pflanzen für die Nachkommenschaft.

Eigenliebe ist nicht die alleinige Triebfeder des Naturlebens, wie so oft behauptet wird: es giebt vielmehr überall in der Natur Vorkommnisse, die von einem Gesetz der Liebe und gegenseitigen Hilfeleistung Zeugnis ablegen, und dahin gehört in erster Linie die Fürsorge für die Nachkommenschaft, die Brutpflege, wie man es nennen könnte.

Es erscheint fast widersinnig, eine solche auch in der Pflanzenwelt zu suchen, und doch findet sie sich hier oft sehr deutlich ausgesprochen. Es mag genügen, hier noch einmal darauf hinzuweisen, daß die Pflanze nicht nur ihrer Nach= kommenschaft, dem Samen, für die Zeit, die bis zur Keimung verstreicht, Schutzmittel mitgiebt, sondern auch dafür sorgt, daß er an Stellen gelangt, die sich zur Keimung eignen.

Muß der Same bis zur Keimung eine längere Warte= zeit durchmachen, so ist er durch lederartige, oft sogar stein= harte Beschaffenheit des Fruchtgehäuses oder der Samenschale gegen die Unbilden der Witterung geschützt (Nuß, Kirschkern). Soll er den Verdauungskanal eines Tieres durchwandern, so ist es ähnlich (Johannisbeere, Blaubeere), s. oben.

Wie durch Flugvorrichtungen an Frucht und Samen oder durch Tiere die Samen an andere, der Keimung günstige Orte getragen werden, haben wir schon gesehen. Zum Teil sind die Tiere unfreiwillige Boten; dann heften sich die Früchte mittelst Haaren und Haken (Fig. 49) ihrem Felle an; oder die Tiere suchen die Früchte auf, weil sie ihnen ein Genuß= mittel bieten.

Schlußwort.

Wenn mir der Leser in freundlicher Geduld bis an den Schluß dieses Büchleins gefolgt ist, so habe ich eine Frage und eine Bitte an ihn zu richten.

Die Frage lautet: was dünkt dich nach dem Gehörten vom Leben der Natur?

Ist's wahr, was dieser und jener sagt, daß es blinde
Gesetze sind, die mechanisch walten im Stein, im Tier, in
der Pflanze und schließlich auch in deinem Hirn, wenn du
über meine Frage nachsinnst? Laß den ganzen Inhalt eines
Pflanzenlebens an deinem Geiste vorüberziehen: ist es eine
tote Maschine, die aufgezogen ist und dann ihr Räderwerk
abschnurren läßt, eine Spieldose, die ihr Liedlein ableiert?
Leben wir in einer mechanischen Welt, oder giebt es noch ein
besonderes Gesetz des Lebens, das dich in gleicher Weise durch=
bringt wie das Gänseblümchen am Wege?

Heißt es auch bei dir: „Ein Narr wartet auf Antwort?"
oder ahnst du eine ewige Weisheit, welche nicht in blinden,
mechanischen, sondern in einsichtsvollen, zweckmäßigen Gesetzen
die wunderbare Welt regiert? Und auf welcher Seite bleiben
bei diesen beiden Auffassungen die größeren Rätsel?

Und bist du, lieber Leser, mir mit ein wenig Teilnahme
durch die Pflanzenkunde bis hierher gefolgt, so habe ich als
Führerlohn eine kleine Bitte, die lautet: Wenn du dieses
Büchlein aus der Hand gelegt hast, dann lege damit doch die
Pflanzenkunde nicht aus der Hand, sondern forsche nun selbst
in dem großen Buch der Natur, wo alles, was du hier
gelesen hast, viel deutlicher und kräftiger und anregender ge=
schrieben steht, als meine schwache Feder es vermochte!

Jede Pflanze verkündet dir nun die ew'gen Gesetze,
Jede Blume, sie spricht lauter und lauter mit dir.
Aber entzifferst du hier der Gottheit heilige Lettern:
Ueberall siehst du sie dann, auch im veränderten Zug.

Register.